江苏省生态文明治理体系与治理能力现代化改革框架和实现路径研究

张磊　高爽　陈婷　王淑芬　孙力　等 著

中国环境出版集团・北京

图书在版编目（CIP）数据

江苏省生态文明治理体系与治理能力现代化改革框架和实现路径研究/张磊等著. —北京：中国环境出版集团，2023.1

ISBN 978-7-5111-5312-8

Ⅰ. ①江… Ⅱ. ①张… Ⅲ. ①生态环境—环境治理—研究—江苏 Ⅳ. ①X321.253

中国版本图书馆 CIP 数据核字（2022）第 167223 号

出 版 人　武德凯
责任编辑　史雯雅
封面设计　彭　杉

出版发行　中国环境出版集团
（100062　北京市东城区广渠门内大街 16 号）
网　　址：http://www.cesp.com.cn
电子邮箱：bjgl@cesp.com.cn
联系电话：010-67112765（编辑管理部）
发行热线：010-67125803，010-67113405（传真）
印　　刷　北京中科印刷有限公司
经　　销　各地新华书店
版　　次　2023 年 1 月第 1 版
印　　次　2023 年 1 月第 1 次印刷
开　　本　787×1092　1/16
印　　张　10.75
字　　数　220 千字
定　　价　50.00 元

《江苏省生态文明治理体系与治理能力现代化改革框架和实现路径研究》著作委员会

前言

推进国家治理现代化不仅是“十三五”和全面建成小康社会的目标之一，而且构成了新时代我国现代化建设两个“15 年”战略安排的重要目标。党的十九大报告指出，我国 2035 年基本实现社会主义现代化的标志之一是各方面制度更加完善，国家治理体系和治理能力现代化基本实现；2050 年把我国建成富强民主文明和谐美丽的社会主义现代化强国的重要标志则是我国物质文明、政治文明、精神文明、社会文明、生态文明全面提升，实现国家治理体系和治理能力现代化。生态文明治理体系与治理能力现代化是国家治理体系与治理能力现代化的重要组成部分，也是生态文明建设的重要突破口。2020 年，中共中央办公厅、国务院办公厅印发《关于构建现代环境治理体系的指导意见》，对现代环境治理体系的目标要求、构建思路与实施路径作出系统性安排，标志着我国环境治理现代化建设进入新的阶段。

作为在全国最早遇到资源环境约束“瓶颈”的东部发达省份，2019 年 3 月，江苏省人民政府与生态环境部签署《部省共建生态环境治理体系和治理能力现代化试点省合作框架协议》，江苏省成为全国唯一的生态环境治理体系和治理能力现代化部省共建试点省，探索形成了一批可复制、可推广的做法。一是坚持改革引领，理顺体制机制。在全国率先完成生态环境监测监察执法垂直管理改革，全面上收环境质量监测事权，实现统一监测、统筹调度、规范管理。二是强化法治标准刚性约束。出台 20 多部省级环境保护法规，2020 年发布 25 项地方标准，《江苏省生态环境监测条例》是该领域全国第一部地方性法规，有效破解自动监测监控数据不能用于行政处罚等实践难题。深化生态环境损害赔偿制度改革，构建生态环境损害赔偿“1+7+1”制度体系，深化环境资源审判“9+1”机制。三是优化监管，创新精准执法模式。提前完成排污许可证发放登记工作，开展排污许可证后联动管理改革试点，建立固定污染源排污许可“8+1”联动管理机制，系统推进固定污染源“一证式”管理。制定实施环境执法“543”工作法和现场“八步法”规范，率先实现移动执法和执法记录仪全覆盖、全联网、全使用。四是以企业环保信用为基础强化差别化激励政策。建立公开透明、自动评价、实时滚动的信用评价体系，全省参评企业数全国第一，征收差别电价，将守法企业纳入执法正面清单，对守法情况好的企业，给予减少检查频次、简化环评程序、优先安排补助资金等激励政策。五是创新服务模式助推高质量发展。开展产业园区生态环境政策集成改革试点，建立“企业环保接待日”制度、“厅市会商”机制，在全国率先建立环保应急管控停限产豁免机制，帮助地方和企业解决难题。建立“金环”对话机制，发放“环保贷”，下达绿色债券贴息、绿色企业上市奖励等奖补资金，绿色金融激励效能不断凸显。江苏省在推动全省生态环境高水平保护的同时，初步为国家层面提供了生态环境治理的“江苏经验”。

习近平总书记在党的十九届五中全会召开后视察江苏时，赋予江苏省“在改革创新、推动高质量发展上争当表率，在服务全国构建新发展格局上争做示范，在率先实现社会主义现代化上走在前列”（“两争一前列”）的重大使命。笔者认为，推动生态环境治理现代化建设走在前列，为国家提供建设人与自然和谐共生的现代化“江苏方案”，是落实习近平总书记赋予江苏省“两争一前列”使命的具体举措，对在人口经济密集地区率先探索人与自然和谐共生的现代化具有重要意义。本书在系统梳理生态环境治理典型案例的基础上，总结江苏省生态文明治理制度体系和治理模式实施应用成效、存在问题；研究构建生态文明治理体系与治理能力框架体系，提出治理体系与治理能力现代化建设的政策建议，可为省级层面加快构建生态文明治理体系与治理能力现代化格局提供理论和经验支撑。

本书是在笔者主持或参与的项目成果基础上编写而成的，特别是受到江苏省生态环境厅科研课题“基于污染治理正向激励的环境经济政策协同调控与评估技术规范研究（2022026）”“江苏省生态保护区域监督管理立法可行性研究（2022022）”的资助。

目录

第 1 章　生态文明治理体系与治理能力现代化研究综述

1.1　理论基础

1.1.1　相关概念

（1）治理

在西方世界，“治理”（governance）最早源于古典拉丁文和古希腊语中的“掌舵”一词，原意是控制、引导和操纵的行动或方式，指的是在特定范围内行使权威。它隐含着一个政治进程，即在众多不同利益群体共同发挥作用的领域建立一致性或取得认同，以便实施某项计划，治理是一种公共管理活动和公共管理过程，它包括必要的公共权威、管理规则、治理机制和治理方式[1]。当代西方国家治理理论的制度基础是罗伯特·达尔所论述的多头政治体系，这一政治体系最为显著的特点是组织上的多元主义，在这种制度基础下，西方国家为了维护社会的秩序，在国家治理方面呈现出向社会放权、政府与社会多元共治等特点[2]。

在我国，我们用“治”通常表达了统治、管理、整顿等意；“理”则有修补、整修、管理之释[3]。在我国的社会公共管理实践中，我们长期以来使用的是“管理”一词而非“治理”，这是因为我国行政体制改革的核心是转变政府职能，主要目标是深化政府在经济、社会和公共服务等方面的作用。党的十八届三中全会进一步把推进国家治理体系现代化作为全面深化改革的总目标，并首次提出“社会治理”一词，要求改进社会治理方式和提高治理水平，从社会管理到社会治理一字之差，其突出的转变却是多方面的，一是治理观念，由以往的政府本位管控走向合作化，主张政府与社会主体的合作式治理；二是治理主体，由政府主体走向多元化主体，主张政府与社会主体的平等关系；三是治理方式，由政府权治走向协商化，主张政府与社会主体的对话共治；四是治理过程，由行政式命令管理走向互动式治理，主张权力运行的多向互动[4]。

（2）现代化

从社会整体形态的变迁来看，现代化是“在以工业化为先导和前提的基础上，通过科学技术对其的推动，发生在社会各个不同层面的历史变迁过程”。由此可知，现代化是在科学技术革命的影响下，社会各领域所发生的诸多变化，包括在社会发展中机械化、自动化等程度的提高。除科技进步外，有学者认为，国家的现代化是以形成某种现代性为指向的，而不单纯是经济上的增长与技术上的进步，即现代化的显著特征是人的权利与自由，它是确定现代社会进步与否最根本的价值导向。通过综合考量经济发展、科学技术及价值指向等因素，也有学者认为，现代化主要是以现代工业、科学和技术革命作为推动社会发展的主要动力，使工业主义渗透到经济、政治、文化、思想各个领域，实现传统农业社会向现代工业社会的转变，并引起社会行为深刻变革的过程，即现代化的推进主要展现了人对社会文明发展和进步的追求，是社会发展的必然趋势[2]。

1.1.2 生态文明治理的内涵

（1）生态文明治理体系

生态文明治理体系是指在党的领导下管理生态文明领域国家治理参与主体的一整套紧密相连、相互协调的体制机制和法律法规安排，包括治理主体、治理手段、治理机制和治理功能 4 个方面，是一个有机、协调和弹性的综合运行系统，其核心是健全的制度体系，是由生态环境治理体制、生态环境管理机制、生态文明法律政策、生态环境治理与保护修复技术等因素所构成的有机统一体。

治理主体上，形成政府、企业、社会共担责任、共同参与的格局。基于治理理念的要求，生态文明建设及环境保护要从政府主导的局面，转向“政府调控、市场推动、企业实施、公众广泛参与”的模式，治理主体通过合作互动、相互监督、相互制约，共同保护生态环境。

治理手段上，形成一套以法治为基础，采用多种手段协调配合的政策工具。综合运用法律、经济、技术和行政等手段，发挥各种手段的协同效应，以最小的治理成本获取最大的治理收益。在健全治理手段的过程中，为避免利益冲突，要考虑不同群体的利益，建立健全交流互动机制，促进治理主体也就是利益相关方之间的平等民主协商和合作多赢。

治理机制上，形成基于法治的协商民主，实现多方互动，从对立走向合作，从管制走向协调。治理机制，可以理解为治理主体间互动、制衡、合作和达成共识的方式。在生态文明治理体系中，需要构建各利益相关方公平且相互依赖的主体间关系，既兼有传统自上而下的管控，也包括治理所要求的横向互动，促进各方从对立走向合作，从自上而下的管制走向配合协调。

治理功能上，形成对生态系统及其服务功能的整体保护，促进绿色发展转型升级。在生态文明治理体系中，只有充分考虑生态系统的完整性和关联性，以及绿色转型发展的渐进性、协同性和创新性，通过政府、市场、社会等各种政策措施的综合应用，才能保障生态系统的供给、调节、文化及支持服务作用的全面发挥，最大限度地提供规模化、优质化、多样化的环境公共产品和服务，并满足社会日益提高的环境质量、安全健康和可持续发展的需求[5]。

（2）生态文明治理能力

生态文明治理能力是指由党和政府、企业、社会组织、公众等组成的参与主体，运用生态文明制度体系，妥善处理生态文明领域问题，实现美丽中国目标的本领和水平。生态文明建设制度的执行能力不仅包括党对生态文明建设的领导能力、政府提供生态环境公共服务产品及监督管理的主导能力，也包括企业等市场主体落实生态环境责任的行动力，以及社会组织和公众的参与意识与行为能力。推进生态文明治理体系和治理能力现代化，就是适应时代变化、不断发展的过程[5]。

生态文明治理能力是党的执政能力的重要体现，是推进国家治理体系和治理能力现代化的重要抓手。推进生态文明治理能力现代化是应对生态危机的现实所迫，是解决当前资源约束趋紧、环境污染严重、生态系统退化的有效手段。推进生态文明治理能力现代化是实现全面建成小康社会战略目标所需，是实现生态环境和经济社会协调统一的必要保障，是实现科学发展、可持续发展的必然选择，是深化改革、转变政府职能的必然要求，是对治国理政理念的深化发展和完善[6]。

（3）生态文明治理现代化

国家治理的最终目标是实现公共利益的最大化与治理效能的最优化。生态文明治理是通过“善政”走向“善治”的治理，强调在健康的政治共同体中，政府、个人与社会中介组织，或者民间组织，将公共利益作为最高诉求，通过多元参与，在对话、沟通、交流中，形成关于公共利益的共识，做出符合大多数人利益的合法决策。

生态文明治理现代化就是通过生态文明治理体系的构建、完善和运作，使制度理性、多元共治、生态正义、生态民主等理念渗透到生态环境治理实践中并引起整个社会思想观念、组织方式、行为方式等的深刻变化，进而实现由传统生态环境监管向现代生态文明治理转变的过程。它是对生态环境治理困境和危机的主动性回应，是生态环境治理功能的自我矫正，是生态文明治理由人治向法治的转变[7]。其最终目的是实现人与自然的和谐发展、经济效益与生态效益的高度契合以及切实地提高人民的生态幸福指数[8]。

1.1.3 国家治理的内涵

（1）国家治理体系和治理能力

习近平总书记在《切实把思想统一到党的十八届三中全会精神上来》的重要讲话中指出："国家治理体系是在党领导下管理国家的制度体系，包括经济、政治、文化、社会、生态文明和党的建设等各领域体制机制、法律法规安排，也就是一整套紧密相连、相互协调的国家制度；国家治理能力则是运用国家制度管理社会各方面事务的能力，包括改革发展稳定、内政外交国防、治党治国治军等各个方面。"国家治理体系是引导经济、政治、文化、社会、生态文明、党的建设等各领域治理的制度体系，以及各个制度在基层、地方和国家各级治理中相互纵向联系，甚至在区域或全球治理中彼此横向互动的总称。从治理的内在运作逻辑分析，国家治理体系强调治理的结构，国家治理能力侧重治理的功能。国家治理体系和治理能力是一个有机整体，两者相辅相成，有了良好的国家治理体系，才能提高国家的治理能力；只有提高国家治理能力，才能充分发挥国家治理体系的效能[1]。

（2）国家治理现代化

党的十八届三中全会通过的《中共中央关于全面深化改革若干重大问题的决定》提出："推进国家治理体系和治理能力现代化"。这里第一次把国家治理体系和治理能力与现代化联系起来，并以现代化为落脚点，揭示了现代化与国家治理有着密切的内在关系，国家治理离不开现代化。把"国家治理体系和治理能力现代化"作为继工业现代化、农业现代化、国防现代化、科学技术现代化之后的"第五化"，是具有创新性的提法。"四化"主要从生产力和物质基础的层面探索现代化，强调的是硬实力。"第五化"则强调国家治理体系和治理能力问题，从上层建筑和思想文化意识形态的层面探索现代化，注重软实力。随着"第五化"的提出和确立，我们对于现代化的认识日渐全面和完善。其中，国家治理体系现代化主要是通过改革适应社会进步发展的一系列制度体系，根据新时代发展要求及我国主要矛盾的变化建立起一套完善有效的国家制度。国家治理能力现代化与国家治理体系现代化相比，国家治理能力现代化不仅包含维护国家安全、保障公共政策的制定实施及分配社会资源等硬实力，还包括提高社会教育水平、强化公民政治认同、增强民族凝聚力等软实力[9]。

（3）生态文明治理和国家治理的关系

国家治理体系是一个涵盖了我国政治、经济、社会、文化和生态"五位一体"总体布局的完整的制度体系；生态文明治理体系是指在党的领导下管理生态文明领域国家治理参与主体的一整套紧密相连、相互协调的体制机制和法律法规安排。国家治理体系和生态文明治理体系之间存在如下关系：

1）整体与部分。从横向来看，国家治理体系是由政治治理、文化治理、社会治理、经济治理和生态治理等不同要素组成的整体，生态治理构成了国家治理体系中的一部分。从纵向来看，国家治理体系是由生态治理体系中的制度体系、体制体系、保障体系等相互联系的各个阶段构成的全过程，生态治理体系是脱胎于国家治理体系的一个子指标。从整体来看，只有最先完善好生态治理体系这个子指标，才能平稳推进国家治理体系现代化，生态治理体系要与其他各项功能协同配合、良性互动，共同推进国家治理体系发展与完善。

2）主要矛盾与次要矛盾。现阶段我国社会主要矛盾是人民日益增长的美好生活需要和不平衡不充分的发展之间的矛盾，国家治理体系需要解决的是人民通往美好生活的道路上的所有矛盾，生态治理主要解决的是人民与自身生存环境之间的矛盾，同时也会影响其他各项的发挥，对全局起到牵引和推动的作用。

3）顶层设计与局部谋划。国家治理体系是中国共产党从宏观角度思考，从整体、系统的角度进行的顶层设计，其中包含了对国家各个层面的、具体的治理布局，是一个具有框架性设计的总体规划，而生态文明治理体系是从国家治理体系出发的局部和阶段性的谋划。国家治理体系改革是自上而下的，但也必须具有自发地自下而上的力量，因此在生态文明建设中就需要地方、企业、利益集合体参与进来，只有局部谋划好，才能更好地完善国家治理体系这个顶层设计[3]。

党的十九届四中全会对“坚持和完善中国特色社会主义制度、推进国家治理体系和治理能力现代化”作出重大战略部署，全会通过的《中共中央关于坚持和完善中国特色社会主义制度　推进国家治理体系和治理能力现代化若干重大问题的决定》提出，“坚持和完善生态文明制度体系，促进人与自然和谐共生”。由此可见，坚持和完善生态文明制度体系、推进生态文明治理体系和治理能力现代化，是坚持和完善中国特色社会主义制度、推进国家治理体系和治理能力现代化的一项重要内容和有机组成部分[1]，生态治理现代化内嵌于国家治理现代化的体系进程之中，耦合于社会治理范式的现代化转型，具有发展和完善中国特色社会主义制度的全局性意义[10]。

1.1.4　生态文明治理现代化基本特征

从党的十八大将生态文明建设纳入中国特色社会主义“五位一体”总体布局、提出推进生态文明建设的内涵和目标任务，到党的十八届三中全会提出生态文明体制改革的主要任务，再到党的十八届四中全会明确提出了生态文明的建设任务、改革任务、法律任务，中国关于“生态文明治理现代化”的行动路径逐渐明晰、内涵逐渐丰富、特征逐渐凸显[11]。一个运转良好的现代生态文明治理体系应当具有以下基本特征：

（1）生态文明治理理念现代化

该理念既根植于我国的历史传承、文化传统、经济社会发展水平和生态国情，反映人民的期盼、国家治理和生态环境治理的规律，又与社会主义生态文明建设要求相适应，与市场经济、民主政治、先进文化、和谐社会相协调，与新型工业化、城镇化、农业现代化、信息化相同步。既注重顶层设计和全盘规划，又突出制度伦理和制度理性。总体来说，生态文明治理理念具有先进性、战略性、前瞻性、包容性、共享性、根植性和开放性的特点。

（2）生态文明治理结构系统现代化

生态文明治理结构系统构建的目标是实现政府和社会、政府和市场、中央政府和地方政府之间的功能划分和良性互动，发挥政府、市场、民间组织、企业和居民在生态环境治理方面的作用，形成多元交互共治格局，提高治理绩效；核心是优化生态环境治理的政府机构设置、职能配置，规范各级政府管理机构的权责，明确权力配置和权力运作的界限，克服政府在履行职能方面的功能性障碍和自主性羁绊，形成分权制约、分权配合、分权合治的良好局面；重点是加强环境监管和行政执法独立性的改革，进一步确定环境监察部门的行政主体地位，明确其监督、检查和执法的权力，推动统一执法、联合执法、协同执法，提高环境执法的权威性和有效性。总体来说，生态文明治理结构系统具有治理主体框架合理、权力界限清楚明晰、制衡机制科学有效的特点。

（3）生态文明治理制度体系现代化

生态文明治理制度体系由三部分构成：保障制度，特指以《中华人民共和国环境保护法》为核心的法律法规；基本制度，包括环境污染防治制度、自然资源保护制度、可持续发展制度等；具体制度，包括基本制度下的具体政策、规章、办法、体制机制等。生态文明治理制度体系建设的途径是坚持和完善保障制度和基本制度，修订和改革具体制度、管理体制和协调机制，调适制度体系内部各构成要素的位置、功能；重点是构建保障制度、基本制度和具体制度共生互补、相互支撑的耦合机制，协调好保障制度与基本制度、基本制度与具体制度以及具体制度之间的关系[7]。总体来说，生态文明治理制度体系具有规范化、高效化和法治化的特点。

（4）生态文明治理能力现代化

生态文明治理能力现代化的核心是坚持党对生态文明建设的领导，重点是提升政府生态文明决策执行能力，关键是充分调动企业、社会组织和公众参与生态文明治理的积极性和主动性，底线是依法治理，同时充分发挥市场配置资源的决定性作用和活力，形成生态治理的合力，全面提升生态文明建设基础保障能力，创新生态文明治理手段，提升生态文明科学、精准治理能力。总体来说，生态文明治理能力具有治理主体多元化和治理步调协调化、治理成本最小化和治理效果最大化、治理工具手段技术化和治理水平科学化、治理机制市场化和治理理念社会化的特点。

1.2　国内外生态治理理论和实践研究综述

1.2.1　国外相关研究

在西方，与我国生态文明治理体系与治理能力现代化概念相对应的是生态现代化。生态现代化是一个处理现代化技术制度、市场经济体制和政府干预机制的概念。生态现代化坚持把“生态化”的内涵融入“现代化”概念之中，通过倡导工业生态学、构建生态型政府、发展绿色科技、追求绿色 GDP、提倡绿色消费等措施，强化现代化的生态效应，促进经济发展和环境保护，为市场经济形成一种新的发展模式，从而达到对现代工业社会进行生态重建的目的。生态现代化本质上是对国家（政府、制度、法规）、经济行为主体（市场、大型企业）、科研机构（专家、技术）、非政府组织（环境运动、环境纲领）、市民社会（价值观、话语）五个行为主体在生态变革中所起作用及其相互关系的探究[12]。本节从生态现代化的发展历程、基本要义、主张观点、基本原则、典型实践等方面梳理相关研究。

（1）生态现代化理论的发展历程

生态现代化概念产生时间较早，一般认为，德国学者约瑟夫·胡伯和马丁·杰内克最早正式提出“生态现代化”。在 1982 年出版的《生态学失去的清白》（*The Lost Innocence of Ecology*）一书中，约瑟夫·胡伯以“绿色工业”概念对生态现代化进行了阐释。而马丁·杰内克“作为生态现代化和结构性政策的预防性环境政策”的研究也在此时完成，从而使得生态现代化理论纳入政策议程，继而进入公众的视野[13]。因为环境问题的突出性和环境治理的复杂性，这一概念提出之后便得到广泛的响应，迅速传播到世界各地，成为国际上普遍关注的理论热点。

目前，学界已就生态现代化的分期达成基本共识，一般将生态现代化的发展分为三个阶段。第一阶段是 20 世纪 80 年代早期，是该研究方向的起步期。多数学者将生态环境与经济发展相协调的手段聚焦于技术创新领域，特别是工业生产的技术创新，而技术的创新则更多地需要依靠企业和市场的调节作用[14]。相应地，对于政府和社会机构的研究只是侧重于政府与社会机构以及政策对市场与企业进步速度的阻碍与相应产生的冲突。此阶段代表人物有德国的约瑟夫·胡伯和马丁·杰内克。第二阶段是 20 世纪 80 年代后期至 90 年代中期，对生态现代化的研究重点有所转变，从对之前技术升级的依赖转变为对市场和政府调节与研究，重点突出社会机构、政府、市场等多方对环境友好的引导，更关注生态现代化的制度与文化动力[15]。此阶段代表人物有荷兰的阿瑟·摩尔、格特·斯帕加伦和马藤·哈杰尔，德国的马丁·杰内克，英国的阿尔伯特·威尔、约瑟夫·墨菲和莫里·科恩。第三阶段是20世纪90年代中期至今，生态现代化研究重点整体呈现出多样化的状态，如有的学者从消费转型的层面进行阐述，有的学者从全球生态现代化进程的角度进行阐述，并且这些讨论不仅局限于西方发达资本主义国家，在东南亚等各个地区都有学者加入对生态现代化的探讨。此阶段代表人物有德国的约瑟夫・胡伯和马丁・杰内克，荷兰的阿瑟・摩尔和格特・斯帕加伦，美国的戴维・索纳菲尔德、妲娜・菲舍尔和弗雷德里克・巴特尔。

（2）生态现代化的基本要义

约瑟夫・哈伯、摩尔、戴维・索纳菲尔德、史蒂芬・杨、马尔滕・海耶尔、格特・斯帕加伦、妲娜・菲舍尔等学者研究了生态现代化理论的基本要义，将其概括为：一是科技水平的发展是实现绿色环境变革的核心支持，经济和市场动力所激发的工业创新能够促进环境保护；二是环境问题并不能单纯地被理解为人类社会发展所面临的挑战，它理应也是一次发展的机会，污染减排塑造环保形象能够在一定程度上提升经济的竞争力；三是预防原则的广泛应用，转变单纯末端治理的局限，降低经济发展的总体成本，促进生产消费的结构性变化；四是管理策略的精准化，建立具有实践意义和价值的环境管理模式，通过环境事务重要性的强化来化解经济增长和社会环境发展的矛盾；五是与可持续发展战略相协调，建立绿色可持续的环境友好型社会[16-19]。

（3）生态现代化的主张观点

樊杰等[20]总结生态现代化的主张观点有：一是主张技术创新，使生产过程与产品更加适应环境的良性发展；二是主张重视市场主体，强调经济与市场动力的生态改革日益重要；三是主张强调政府作用，认为政府的干预可以有效引导环境政策制定并通过严格治理达到激励创新作用；四是主张关注生态理性，从理论和实践、生产和消费的立体层面上推动生态现代化进程的完善和实现；五是主张突出市民社会，并作为第三方力量连接政府与市场；六是主张促进生态转型，认为生态理性是主线，技术创新是手段，市场主体是载体，政府决策是支撑，市民社会是动力，通过这一系列的观点与方法达到环境变革、生态转型的目的。

（4）生态现代化的基本原则

生态现代化建设不是随心所欲的，而应以科学发展观为指导，遵循以下基本原则：①生态预防原则。生态现代化要求重污染行业通过预防性原则实现生产链的长期的结构转变，建立预防污染计划，在生产过程中严格控制污染物质的产生和排放，在生产末端及时地处理它们产生的污染物。生态现代化要求政府制定前瞻性和预防性的环境政策，科学生态立法、严格生态执法、公正生态司法，积极调动各行为主体的主动性，充分发挥政府职能。②政府干预与市场调节相结合原则。生态现代化要求更严格的政府环境管理，以促进“先行者优势”，使经济的绿色产品、创新的生产系统更为普及。当政府管理失灵时，需通过市场手段与政府管理相结合，共同推进生态现代化，保证区域的持续健康发展。③综合治理原则。生态问题牵涉生产、消费、分配的各个环节，生产者学会统筹兼顾，通过实施“综合污染管理”战略，防止污染在生态环境中的转移。④环境责任制度化原则。生态现代化要求在各社会组织内树立环境责任化意识，市场主体应主动关注社会环境质量，将环境问题列入市场计划考虑范围内，严格控制污染排放。政府自上而下组织环境检查，对环境责任进行评估审议。⑤民主决策原则。生态现代化要求建立科学化、民主化的决策机制，广泛听取各方意见、集中各方智慧，这样才能得到符合地区生态环境实际、反映客观发展规律的制度设计和程序安排[21, 22]。

（5）生态现代化的典型实践

西方发达国家，如德国、瑞士、荷兰等都明确要走生态现代化道路。特别是德国，更是把其作为国家的战略之一，赢得了生态现代化由理论到实践楷模的桂冠。潘好香[23]对德国的生态现代化实践经验做了详细梳理。第一，德国生态现代化的核心是利用现有的技术条件，不断降低污染物排放量，达到生态效益与经济发展的协调统一。德国在开发低污染技术方面形成了一套行之有效的技术体系。按照经济流程分为源头生态化、过程生态化、结果生态化以及关注源头到结果的全程生态化。德国的法律也严格规定了污染物的排放标准，要求企业采用先进的技术，净化装置也需达到国家许可标准，从而推动环境保护技术的不断革新。同时，德国遵循污染者赔偿原则，要求污染者承担治理环境污染的部分费用，并要求生产者对产品在生命周期结束后进行环境无害化处理或产品再循环。第二，德国社会的市场经济体制进一步转型为生态社会市场经济体制，这种体制为提高企业、消费者保护环境的积极性和创造性提供了理想的体制框架，引导生产模式和消费模式的可持续发展，促使企业积极行动起来，提高生产的经济、社会和生态效益。第三，德国制定了严格、完备的行政法规，以保障整个社会的环境与经济发展双赢。同时颁布了相关的行政措施和禁令，对各项法规做出了与生态保护相关的修改，以图形成一个面向生态化、可持续发展的法律框架。第四，德国在不同领域制定了生态现代化发展的策略。例如，在工业领域，持续加强对中小企业研究、开发和创新的政策倾斜，支持高新企业的创建，加速淘汰和转移一般性传统产品和污染环境产品；在能源领域，贯彻“节约优于开发”原则，将能源政策重点转向有利于环保和经济合理的可再生能源技术，并且开征生态税，促进能源向开发和提高利用率方向发展；在农业领域，农林生产的指导思想由重视经济效益转向重视经济效益和生态效益相结合，重视森林和草地的维护和发展，并制定了无害化可持续农业的主要目标，促使农业提供优质粮食，确保农民收入和财产的增加，保护人类生活的自然基础和生物多样性。

1.2.2　国内相关研究

国内有关生态文明治理现代化的研究主要从党的十八届三中全会后逐步显现，研究主要聚焦两个方面，一是将生态文明治理现代化作为主要分析对象，涉及生态文明治理现代化的体系、理论及路径等。二是借助生态文明治理现代化分析某个对象。本节以生态文明治理现代化、生态文明治理体系、生态文明治理能力等为关键词进行溯源，并从以下几个方面梳理相关研究。

1.2.2.1 生态文明治理现代化的顶层构架研究

（1）生态文明治理构建逻辑现代化

张利民等[24]强调中国生态治理现代化是国家治理体系和治理能力现代化的题中应有之义、解决生态环境问题的根本道路、实现高质量发展的重中之重。中国生态文明治理现代化必须采取整体性行动，在国家治理框架下构建现代化生态治理制度体系，提升现代化生态治理能力。生态治理体系包括治理理念、治理主体、治理方式、治理机制、治理绩效评估等多项内容。生态治理能力则可以看成是各治理主体能力的集合。贾秀飞[25]从生态治理现代化体系逻辑构建的角度出发，指出方式、理念以及多元主体等构成生态治理的内部圈层，并相互作用；经济、政治、社会、文化等要素构成生态治理现代化的外圈层体系，生态治理能力的提升与现代化的发展必须嵌入外圈层体系中，生态治理现代化不只是某个要素的现代化或者生态化，不仅仅是生态经济、生态社会、生态政治及生态文化等领域的绿色化，也是外圈层整个体系的生态化。

（2）生态文明治理实现路径现代化

杜飞进[26]分别从生态治理方式和生态治理机制两个方面总结生态文明治理现代化的实现路径。其认为实现生态治理方式的现代化，需积极推行“规则之治”、积极发挥“市场之治”、积极倡导“文化之治”、不断加强“科技之治”；实现生态治理机制现代化，需从完善有利于生态治理的市场机制、构建完善的生态治理协调机制、形成现代化的生态文明和生态治理法律体系、建立生态科技发展促进机制、建立生态环境治理的政绩考核机制、建立生态文明建设的宣传教育机制 6 个方面总结推进生态治理机制现代化的实现路径。

（3）生态治理理念现代化

“理念是行动的先导”，生态治理现代化的先决条件或者首要标准就是牢固树立科学的、先进的生态治理理念。习近平总书记结合我国生态治理的实践，形成了内容丰富的生态治理思想，认为新时代推进生态文明建设，必须坚持好六个原则，即“坚持人与自然和谐共生，绿水青山就是金山银山，良好生态环境是最普惠的民生福祉，山水林田湖草是生命共同体，用最严格的制度最严密的法治保护生态环境，共谋全球生态文明建设”。马莉[27]认为这一系列内涵丰富的生态治理观不是只关注生态环境问题的狭义生态观，而是在新的历史时代对于人类文明形态的一种整体关照的文明观，为推进国家生态治理现代化提供了根本的思想引领。顾华详[28]将其总结为反映“生态兴则文明兴、生态衰则文明衰”的深邃历史观，“人与自然和谐共生”的科学自然观，“绿水青山就是金山银山”的绿色发展观，

"良好生态环境是最普惠的民生福祉"的基本民生观，"山水林田湖草是生命共同体"的整体系统观，"用最严格制度保护生态环境"的严密法治观，"保护生态环境是关系党的使命"的宗旨观，领导干部要树立保护生态环境的责任观、全社会共同建设美丽中国的全民行动观、共谋全球生态文明建设之路的全球观。因此，我们要以习近平生态治理理念为指导，全方位推进中国生态治理现代化。

1.2.2.2　生态文明治理现代化的支撑体系研究

（1）生态环境治理主体结构现代化

在生态环境治理领域，政府作为传统的行为主体，起最主要的作用，但是并不意味着政府就是唯一的合法主体。有时，政府为了达到生态环境治理目标，与企业、个人形成对立，这既影响政府与企业、个人的关系，也抵消了政府生态环境治理的效果。"政府主治"这一生态治理模式，对社会自我调节、自治空间产生了挤压与反向依赖，造成了生态环境治理综合能力的低下与不足。因此，多位学者提出"多元共治"概念，多元共治就是要尽可能发挥政府、企业、社会组织和公众等各方面作用，让他们共同参与生态环境事务的管理，即"市场能做的交给市场去做，社会能做的交给社会去做，居民能做的交给居民去做"。范叶超等[29]提出环境共治的核心在于搭建一个多元主体共同治理环境的基本格局，综合利用行政手段、法律手段与市场手段，完善环境保护的责任体系、行动体系、监管体系和信用体系。高军波等[30]提出需引导不同主体合理进行诉求表达与利益协商，构建多元主体互动沟通和对话磋商的长效机制。陆昱[31]进一步明确了政府、企业、社会组织和个人在生态治理过程中承担的责任。政府是生态治理的第一责任人，对企业、社会组织与个人有着监管责任；企业是社会生产的基本单元，企业生产行为对生态治理的影响巨大，是生态治理的主力；社会组织具有相对独立的地位，可对政府、企业和个人消费实施监督；个人是生态文明的践行者和利益相关者，应积极投身生态治理。近年来，生态环境部出台了《环境信息公开办法（试行）》《企业事业单位环境信息公开办法》《关于推进环境保护公众参与的指导意见》《环境保护公众参与办法》《环境影响评价公众参与办法》等文件，社会主体参与环境治理的途径和方式越来越多样。但受我国传统行政主导的社会管理体制影响，社会参与仍面临较多挑战，以浅层次参与为主、实质性参与不足，社会组织力量比较薄弱、专业性不足[32]。马莉[27]则指出在当前治理体制下，政府多大程度向企业和社会分权，以确保其参与生态环境的决策和监督，如何控制和把握改革步骤的轻重缓急，既要避免步子迈得过快，也要避免改革受旧有体制和既得利益影响而进度缓慢等诸多问题，都是当前亟待解决的重大课题。

（2）环境法律法规体系现代化

据张梓太等[33]统计，目前我国现行有效的环境保护法律法规包括 15 部法律（含宪法）、

4 部司法解释、25 部行政法规、130 部部门规章、1 193 部地方性法规以及 501 部地方政府规章。我国生态环境法律框架基本形成，生态环境保护主要领域基本有法可依，生态环境保护主要法律制度基本建立。从横向来看，我国环境法律体系以《中华人民共和国环境保护法》为主干，以此为基准延伸至环境污染防治法、自然资源保护法、生态保护法、资源循环利用法、能源与节能减排法、防灾减灾法、环境损害责任法七大亚法律体系。从纵向来看，我国环境法律体系自上而下地形成了法律、行政法规规章、地方性法规等多个层次的法律规范所构成的体系[34]。张惠远等[35]指出，虽然我国已经建立起比较完善的生态环境法律体系，但我国环境法制“违法成本低、守法成本高”的问题仍然存在。张璐[36]认为环境法在中国是否真正能够发挥实际作用，并不在于其立法出现是否领先，也无关立法数量多少，其根本上还是取决于是否能够与经济体制发展的内生诉求相契合，实现从体制外挂向体制融入的发展转换。

（3）生态环境监管体系现代化

生态环境监管是行政机关代表国家履行生态环境保护职能的主要手段。我国现行的生态环境监管体制是中央与地方共同发力的管理模式，中央为统管部门、地方为分管部门，两级部门共同履行生态环境监督管理职能。马原[37]回顾我国环境监管制度更新的历程发现，我国从 21 世纪初至今所开展的包括环保督查、环保专项行动与集中整治、“环评”市场化、排污权交易以及环评审批“放管服”改革等一系列具体措施可以被归纳为边界清晰的“督政”与“简政”两种类型：在面对紧迫而重要的环境问题时借助“督政型”监管工具获得绩效提升，同时通过“简政型”监管工具释放市场和社会活力。冼解琪[38]认为我国现有的生态环境监管体制在实施过程中还存在障碍：一是地方政府、相关部门的监管职责落实不到位，纵观地方政府部门处理污染事件的报道，由群众举报而发现污染问题的占 90%；二是生态环境监管受到地方保护主义的影响，有的地方政府注重经济发展而忽视环境保护，强调“发展优先，保护在后”“特事特办”；三是跨区域和跨流域的环境问题对环境监管提出新要求，我国虽然一早建立环保督查工作机制，但环境监管部门仍然很难有效解决跨区域和跨流域的环境问题；四是生态环境监管的队伍建设落后，环境监管部门人员队伍建设不到位，监管人员不足，监管手段匮乏，约束力和制裁能力不足，缺乏必备的理论知识和实际经验等问题仍然存在。相应地，张璐等[39]提出从明晰生态环境监管执法思路、完善生态环境监管执法体制、创新生态环境监管执法机制、强化生态环境监管执法手段、健全生态环境监管执法职责分工、夯实生态环境监管执法责任 6 个方面构建生态环境监管执法新格局。

（4）市场体系现代化

徐顺青等[40]重点研究了我国生态环境财税政策，总结其大致经历了萌芽发展、探索发展、开拓发展和快速发展四个阶段，目前已形成种类齐全、内容丰富的政策体系。尤其在快速发展阶段，生态保护补偿机制逐步完善，“211 环境保护”科目正式纳入预算机制，设立各类中央环保专项资金，建立政府绿色采购制度，实施重点生态功能区转移支付，大力推进资源税费改革，实行成品油税费改革，实施所得税和增值税等优惠政策，推进排污费改税改革，推进 PPP 模式等。并且指出我国生态环境财税政策仍然存在支出力度和支出效率不足、事权与支出责任相适应的制度不明确、税收政策体系尚不完善等问题。绿色金融则是以金融手段介入生态环境治理问题，主要通过市场化运作，使环境治理所需的环保产业发展、传统产业绿色升级以及诸多生态环境工程得到资金支持。绿色金融的实际应用价值主要通过绿色债券、排污权交易、绿色保险来实现。李紫昂[41]指出，我国在绿色金融的探索上积累了较多理论和实践经验，但是在政策制定与实施过程中也出现了诸多问题，例如，绿色债券推广面较窄，发展路径单一，对企业吸引力不足；排污权交易形式陈旧，部分地方实际推行流于形式、效果不佳。除此之外，生态环境价格政策也是利用经济手段调动市场主体绿色生产、绿色消费积极性的一种政策工具，发挥了价格杠杆的激励约束和利益调节作用。2018 年，国家发展改革委发布了《关于创新和完善促进绿色发展价格机制的意见》，重点聚焦完善污水处理收费政策、健全固体废物处理收费机制、建立有利于节约用水的价格机制、健全促进节能环保的电价机制 4 个方面。妙旭华等[42]在研究总结甘肃省生态环境价格政策时指出，目前价格政策仍存在环境保护税收标准低，难以发挥对企业环境行为的调控作用、污水处理收费政策机制不健全影响污水处理效率、水资源价格形成机制面临多方挑战等问题。

（5）生态治理评价考核体系现代化

建立并完善生态文明治理评价考核制度，是实现生态文明领域治理体系和治理能力现代化的重要制度安排。陆昱[31]指出我国现有的生态治理评价考核往往由政府相关部门组织，这种既当“运动员”又当“裁判员”的评价考核模式导致评价考核过程封闭、主体独断、结论失去公信力。要推进生态治理现代化，必须建立开放、综合、有效的评价考核体系。另外，目前国内在生态文明治理现代化评估方面缺乏针对性较强的研究。仅王金南等[5]参考现有治理方面的评价体系，依据《中共中央关于坚持和完善中国特色社会主义制度　推进国家治理体系和治理能力现代化若干重大问题的决定》和《生态文明体制改革总体方案》中对于生态文明制度体系的要求，构建了一套生态文明治理体系与治理能力评估指标体系。

1.3 国外生态环境治理政策措施及其启示

1.3.1 法律法规体系

（1）美国环境法

在美国环境法100多年的发展历史中，不同的时期有不同的特点。杨志军[43]将美国环境法的发展历史分为三个时期。第一时期是初始时代，自1776年至20世纪20年代。这一时期美国对环保的认识还很肤浅，环境法的目标是保护自然资源，保障商业的顺利进行。第二时期是奠基时代，自20世纪30年代至20世纪60年代。这一时期环境法的目标在延续初始时代自然资源保护的基础上，增加了对污染的治理，开始重视联邦的污染防治立法，先后颁布了《联邦水污染控制法》（1948年）、《联邦杀虫剂、灭菌剂及灭鼠剂法》（1947年）、《原子能法》（1954年）、《联邦大气污染控制法》（1955年）、《联邦有害物质法》（1960年）、《鱼类和野生生物协调法》（1965年）、《空气质量法》（1967年）、《自然和风景河流法》（1968年）等。此外，还多次修改了《水污染防治法》和《大气污染防治法》。第三时期是成熟时代，自20世纪70年代至今。成熟时代的美国环境法取得了巨大发展，出台了联邦层面的《国家环境政策法》（1970年）、《清洁空气法》（1970年）、《清洁水法》（1972年）和《综合环境反应、赔偿和责任法》（又称《超级基金法案》，1980年），这些法律的颁布开启了美国历史上著名的"环境立法十年"。经过成熟时代的努力，美国环境法体系已十分完善，并且得到了有效执行。到目前为止，美国联邦政府已经制定了几十个环境法律、上千个环境保护条例，形成了一个庞杂、完善的环境法律体系。其中最有决定性意义的是1970年颁布的《国家环境政策法》。

美国《国家环境政策法》于1969年12月31日在国会通过，1970年1月1日由美国总统尼克松签署生效并施行。其宣布了国家环境政策和国家环境保护目标，明确了国家环境政策的法律地位，规定了环境影响评价制度，设立了国家环境委员会。这4个方面的内容具有紧密的内在联系性，是一个整体。

1）《国家环境政策法》的立法宗旨和目标非常具有前瞻性，即使到今天仍然具有指导作用。如它在立法宗旨中提出的"促进人类与自然之间的充分和谐"，在国家政策目标中提出的"履行作为子孙后代的环境保管人的责任""保证为全体国民创造安全、健康、富有生产力并符合美学和文化价值的优美环境""最大限度地合理利用环境，不得使其恶化或者对健康和安全造成危害，或者引起其他不良的和不应有的后果""促进人口与资源的利用达到平衡""提高可再生资源的质量"等。这些思想体现了国际社会到1987年才正式提出，到1992年才得到公认的"可持续发展"的思想，比国际社会的提出早了18年。

2）美国历史上首次以一个立法来强调国家的综合性的环境政策和规定联邦政府机构的环保职责。《国家环境政策法》规定国家的其他政策、法律和法律解释及其执行都应当同它保持一致；要求联邦行政机关为保证其现行职权的行使同本法相一致，厘清现行的法定职权和相关法规与政策，并向总统报告结果和整改的建议；规定国家环境政策和国家环境保护目标是对行政机关现行职权的补充。

3）《国家环境政策法》用环境影响评价程序的规定建立起对政府有关环境的行政行为的监督和制约制度。通过环境影响评价程序，国家环境政策和目标被纳入行政机关的决策过程，成为在决策中平衡经济等因素的一个重要砝码。通过环境影响评价程序，其他行政机构、公众和社会团体都可以对行政机关有关环境的行政行为表达意见，从而可以合法、有序、有效地参与政府的环境管理过程。

4）设立国家环境质量委员会，其主要职能是为总统提供环境方面咨询意见，例如，协助总统编制国家环境质量报告；收集有关环境条件和趋势的情报，分析其对国家环境政策的影响，并向总统报告；根据《国家环境政策法》审查、评价联邦政府的项目和活动并报告总统等。其职能还包括协调行政机关有关环境影响评价的活动，为联邦行政机关的环境影响评价活动和其他实施《国家环境政策法》的行为规定统一的基本程序，从而大大减少出现分歧和冲突的可能性[44]。

美国《国家环境政策法》制定于 20 世纪 60 年代，是最早的环境基本法之一。虽然与现代的环境基本法相比，其局限性是明显的，但其作为早期的基本法，已经有 50 年的实施历程，为后人研究环境基本法提供了一个非常有价值的研究对象。《国家环境政策法》出台后没有经过多的修改，至今仍然有许多闪光之处，对美国环境保护事业发挥着举足轻重的指导作用，充分体现了当时立法者的前瞻性及该法的适应性和灵活性，值得当代的人们学习借鉴[45]。

（2）德国环境法

德国环境法建设起步较早，是欧洲乃至世界在现代意义上最早关注环境问题的国家之一，德国环境法的原则和制度在很大程度上影响了欧盟立法。王玏[46]对德国环境法发展进行了系统性梳理，将其概括为三个主要阶段。

第一阶段：1972 年之前，为德国环境法发展滞后阶段。德国在“二战”后为大力发展经济，加上环境保护意识淡薄，出现了严重的环境问题，导致了重大的环境公害事件。此时的环境法律法规只是简单地针对某单一的环境问题，如《建设噪声防治法》《飞机噪声防治法》《联邦肥料法》等。这一阶段的环境法律零散而缺乏全面有效的法律治理效果，立法工作严重滞后于当时经济的快速发展。

第二阶段：1972—1990 年，为德国环境单行法迅速制定阶段。这一阶段环境治理问题的解决迫在眉睫，工业化所带来的经济繁荣已不能让政府和民众对环境问题视而不见。环境法开始从众多的传统法律中分离出来，成为一个具有独立属性的法律。针对不同环境要素的污染问题，环境单行法被快速制定和及时实施。例如，“联邦污染防治法”，该法的全称为《防治空气污染、噪声、震动和其他有害因素对环境的有害影响法》，其将环境作为一个高度统一的整体，通过废弃物的综合管理来减少有害物质对环境的影响。该部法律最重要的规定分别是《必须许可的设施条例》和《许可程序条例》，重点对可能造成环境损害的设施建立是否需要经过许可提供系统性的法律法规依据。《水保持法》，该法规定各个州都必须逐渐建立起自己的水保护区，并对排入自然水域的所有物质做出了极为严格的规定。《化学制品法》，该法是针对新型化学制品，就它们对环境可能产生的危害进行提前预防的一部内容全面详细、涵盖范围广泛的法律，对化学制品的生产申报流程、成分说明做出了规定。

第三阶段：1991 年至今，为德国环境法法典化阶段。德国环境保护法律条款十分全面而繁杂，德国联邦层面的环境法数量极多，活页汇编达到 6 000 多页[47]。环境法律条款日益增多，法律实施的效果也逐渐被弱化，为了从总体上对这些环境法律法规进行把握，德国开始了环境法的整合工作，将法典化作为突破口。德国共经历了两次环境法典编纂，诞生了四版环境法典草案，但是由于职能部门之间的利益冲突，环境法典至今未能通过。

作为世界上环境保护体系最完善的国家之一，德国环境法以规定细致具体、执行效率突出、犯罪规定严格、处罚严厉闻名。在德国联邦与各个州的层面上，与环境相关的法律法规高达 8 000 部左右，这其中还不包括在欧盟或国际层面上德国需要履行的 400 多部环境法律法规，并且规定繁多复杂、语言晦涩难懂。然而德国各项环境法律法规都得到了有力的执行和有效的监督。为加强对环境犯罪的威慑力，德国将行政法附属范围之内的环境污染犯罪部分提出来放入刑法中，将环境要素作为保护对象，此时的环境污染犯罪不再仅仅是违反秩序，而是真正的刑事犯罪。在对环境犯罪进行量刑和处罚的过程中，也遵循结果加重原则和多元化处罚原则。

（3）日本环境法

日本环保事业的发展经历了一个漫长而曲折的过程，伴随着大大小小公害事件的发生，日本政府从 20 世纪六七十年代开始严格预防并控制公害事件的发生，大力发展环保事业，构建了一套完善的环境法律体系，其成功之处备受亚洲各国关注。熊超等[48]将日本环境法的发展主要总结为四个阶段：

第一阶段：明治维新至 1969 年，为日本环境法的初始发展阶段。这一阶段整个日本“以经济建设为中心”，这段时间出现了很多环境公害问题，但是环境问题并没有引起足够的重视，环境立法也没有被重视，处于公害对策和保护的萌芽期。

第二阶段：1970—1977 年，为日本环境法的黄金发展阶段。环境意识从“以经济建设为中心”向“环境保护优先发展”过渡。1970 年，佐藤内阁将第 64 届临时国会定为“公害国会”，其以修订《公害对策基本法》为中心，共对 14 部法律进行了集中审议，明确了环境污染和公害犯罪的定义，包括大气污染、水污染、土壤污染、噪声、振动、地面下沉和恶臭等 7 种。所有污染防治的法律法规都必须围绕此定义进行。1972 年，日本修订了《大气污染防治法》《水质污染防治法》，重新设立了公害无过失责任制度；制定了《自然环境保全法》，以强调对自然资源的保护。1973 年，日本制定了《公害健康受害补偿法》，创造性地提出了大气污染的区域划分法。1976 年，日本制定了《防治恶臭法》《振动管理法》等。由此，针对 7 种公害的专门管理法已成体系。

第三阶段：1978—1990 年，为日本环境法的发展停滞阶段。石油危机以后，日本国内出现了严重的通货膨胀和经济萧条现象，此时经济界加强了对公害运动的攻击，认为严格的环保措施、苛刻的法律规定是引起经济萧条的主要原因。1978 年，日本环境省不顾舆论反对强行将二氧化氮的环境标准放宽，此后日本的环境立法基本没有明显进展，甚至出现了一定程度的退步，例如，1987 年将《公害健康受害补偿法》做了倒退性修改，全面解除了对第一类指定地区的惩罚。

第四阶段：1991 年至今，为日本环境法的快速发展和转型阶段。此阶段，全球对于环境保护的重要性和迫切性已经达成共识。1992 年在里约热内卢召开的联合国环境与发展大会上发表了《里约环境与发展宣言》，提出了可持续发展的新思想。日本为顺应这一发展趋势，彻底使本国环境保护走出困境，不再坚持原先“产业优先”的发展理念，而是转为更科学的“可持续发展”理念。1991 年制定的《再生资源利用促进法》，成为日本环境立法转型的标志。1993 年，《环境基本法》出台，该法把可持续发展作为一项基本法律原则，提出了环境保护整体性思想，把全球环境保护作为一项国家义务。该法的出台也宣告了《公害对策基本法》的废止，并部分取代了《自然环境保全法》。该法的颁布意味着环境立法模式已经由末端控制、被动应对为主转变为源头控制、主动出击。其后，日本于 1997 年制定了《环境影响评价法》，于 2000 年颁布了《循环型社会促进法》。于 2001 年召开了“构建 21 世纪环之国会议”，首次提出“环之国”概念，即抛弃原来“大量生产、大量消费、大量废弃”的观念，构建重视和倡导可持续与朴素质量的循环型社会。

总结日本环境基本法的发展，不难发现其环境立法目的真正地体现出了当代环境理念的基本要求，在立法目的上逐步树立了环境优先的现代环境价值观，在此目的指导下，日本不再以传统产业优先政策为根本，而是以国民健康和环境为出发点开展环境保护工作，最终能够在公害防治与环境保护方面取得巨大的成就，使得日本整体环境逐渐改善，并从之前严重的环境污染公害国发展成为现在风光优美的公害防治先进国[49]。

1.3.2 环境经济政策

（1）美国排污许可交易及对我国的启示

排污许可证制度最早于20世纪70年代在瑞典得到应用，但美国的排污许可证体系以其完善的框架、细致的规范、创新的措施和卓越的效果成为各国学习的典范，被认为是美国环境管理最为有效的措施之一。根据其设计特点，美国的排污权交易制度大约可以分为第一阶段的排放削减信用和第二阶段的总量控制型排污许可交易两种模式。

“泡泡政策”是排放削减信用阶段最主要的尝试。王曦[50]对“泡泡政策”概念作了以下解释：“泡泡政策”的设计者把1家工厂或者1个地区的空气污染物总量比作1个“泡泡”，1个“泡泡”内可包括多个空气污染物排放口或污染源。这一政策将包括全部排污设施在内的整个工厂视为一个“独立的污染治理单位”，其目的是在降低污染治理和管理成本的同时防止空气质量的恶化，其主旨是兼顾经济与环保，既达到控制污染的目的，又不影响经济发展[51]。作为一种经济激励机制，“泡泡政策”被视为现代市场机制的鼻祖，是总量控制政策的原始雏形。但“泡泡政策”自出台以来在美国一直存在有关命令控制与激励型环境监管模式的激烈讨论。从命令控制向经济激励机制的过渡或转型，不仅是美国的选择，也是其他发达国家相似的发展路径。它们的共同特点是对命令控制型规制趋近于其效用峰值时，用激励机制和其催生的市场交易模式，减缓传统命令控制型规制模式下给企业带来的负激励及对政府产生的规制负担[52]。

美国现行的排污许可证制度是总量控制型排污许可，也是单项许可型排污许可，即对大气、水、固体废物等环境要素实行单项管理。例如，大气排污许可证制度以《清洁空气法》为核心，主要包含3类许可证：建设许可证、运行许可证、酸雨许可证，3类排污许可证具体实施目的不同，主要用于不同方面的大气污染物排放管理。水排污许可证制度以《清洁水法》为核心，主要包含个别许可证和一般许可证。个别许可证就是废水排放主体根据自身的废水排放情况，按照环保部门的流程申请的水许可证，是针对一家企业单独申请的许可。一般许可证是针对某一类或某区域的企业污水排放而批准的许可[53]。

王淑梅等[54]详细总结了美国排污许可证在制度实施上具备的优点：一是法律的规定具体而详细，使得许可证制度容易操作、执行。美国的《清洁水法》和《清洁空气法》是各个国家或地区实施排污许可证制度的参考。二是制定了全面并有针对性的排放标准。在大气方面有新建固定源排放标准、有害空气污染物国家排放标准、合理可行控制技术、最佳可行控制技术、最低可达排放速率；水方面有现行最佳实用控制技术、最佳常规污染物控制技术、经济可达的最佳可行技术、最佳可行示范控制技术。三是许可证的形式因污染源类型而异，既增加了许可证制度的灵活性，又给许可证申请和发放节省了成本，提高了许可效率。四是因排污许可证制度存在执法成本高的问题，美国在酸雨计划中利用市场机制——排污权交易，成功减少了污染控制成本。五是在顶层制定排污许可证制度基本要求的基础上，允许各个州根据自身情况制定本州的排污许可证制度。六是以严厉的惩罚保障许可证制度顺利实施，《清洁空气法》规定排污企业负责人对申请材料、监测记录、报告等相关材料的真实性、准确性和完整性负责，一旦发现作假，负责人将面临刑事责任。七是强化许可信息公开，保障公众参与。《清洁空气法》规定排污单位在许可证申请、实施阶段的所有信息必须公之于众，并且建立了污染物排放与转移登记制度，公众可对排污许可证制度进行监督。

我国从 20 世纪 80 年代后期开始对排污许可证制度进行探索和实践，但一直以来由于法律支撑不足、制度定位不明确等因素，我国排污许可证制度体系建设方面还处于成长期。与美国的排污许可证制度相比，我国的排污许可证制度还存在以下几个问题：一是我国实行有别于美国的“一证式”排污许可证制度，工作范围广且复杂，对执法人员要求较高，导致证后监管力度不强。我国需建立证后监督检查工作机制，加强队伍建设，考虑由专门机构承担证后监督工作。二是目前公众在排污许可方面的参与仅限于企业排污信息公开后，公众对企业排污行为监督方面的参与度仍然很低，且缺乏参与的可行渠道。有效的公众参与既可以弥补执法人员的不足，也可以保障公众对生态环境情况具有的基本知情权、参与权和监督权。我国应制定相关规定，细化参与办法，优化参与程序，确保公众参与的有效性和真实性。三是为了推动企事业单位污染防治措施升级改造和技术进步，我国多个行业已发布污染防治可行技术指南，但目前污染防治可行技术指南尚未要求强制执行，且某些技术尚缺乏完整和真实的数据，导致可行技术的经济性和可操作性、企业的执行度、监管部门的监控力度还处于验证、反馈和改进阶段。可通过建立动态的行业排污信息大数据平台，对数据进行统计和分析，来验证技术是否可行，进而不断改进和完善可行技术[55]。四是排污许可证制度是排污权交易的前提条件，政府通过颁发排污许可证的方式将排污权分配给相关污染排放企业，企业根据预期需要排放量进行排污权交易。但在实际操作中，两者尚未实现良好衔接。因此，在制定排污权交易管理办法实施细则时应充分考虑排污权交易和排污许可证制度的衔接问题，明确衔接原则和衔接方法，为实际操作提供理论指导，并加强对衔接过程的监控和监管，如严格审查企业排污指标的核算，监测企业排污情况和排污权交易情况。

专栏 1-1　美国酸雨计划

20 世纪 80 年代，美国每年的硫氧化物排放总量超过 2 000 万 t，其中 75%来自火力发电，50 家设备落后的火力发电厂的硫氧化物排放量就占总排放量的 1/2。1990 年美国国会通过了《清洁空气法》修正案，正式确立了排污权交易的法律地位，提出了“酸雨计划”。酸雨计划通过基于颁发排污许可证的总量控制和排污权交易，要求电力行业在 1980 年的水平上削减 1 000 万 t 的二氧化硫排放量。这是世界首个为控制大气污染而建立的大规模总量控制与交易计划。

美国酸雨计划初始分配主要采取无偿分配的模式，约占分配总额的 97.2%，只有很少的比例用于拍卖和奖励。基于公平的原则，酸雨计划无偿分配的依据是受限单位历史年份热投入，而不是建立在受限单位历史排放量的基础上。酸雨计划特别授权美国国家环保局从每年的初始分配总量中专门保留了部分许可指标（约 2.8%）作为特别储备进行拍卖。拍卖分为两部分：当前拍卖和提前拍卖。拍卖可以提供许可指标的市场价格，反映治理二氧化硫的社会平均成本信息，对整个削减目标的进一步完善与管理有着很好的指导作用。酸雨计划还设立了奖励机制，对开展可再生能源项目的企业给予排污许可指标奖励。酸雨计划还允许厂商将节约下来的许可指标储存起来，用于将来使用。2000 年以来，燃料市场的价格波动造成了二氧化硫排放的增力，但依然没有超过总的许可指标，其主要原因就在于早期储存的指标增加了社会上许可指标的可使用量。

酸雨计划实施初期的交易并不活跃，但随着时间的推移，交易规模迅速扩大，取得了巨大成功。1995 年，酸雨计划第一阶段开始实施，二氧化硫排放量降低到了 500 万 t，低于 1980 年的水平，美国东部酸雨出现的次数减少了 10%～25%。1999 年，许可储存量达到了顶峰，二氧化硫提前减排 1 100 万 t。2000 年，第二阶段开始实施，使用清洁能源的电厂加入，二氧化硫减排量进一步加大。2007 年，二氧化硫排放量首次低于酸雨计划的长期排放总量限值（895 万 t），比官方预期的达到时间（2010 年）提前了 3 年。2009 年，酸雨计划下的单位二氧化硫排放量约为 570 万 t，远远低于 2010 年的分配总量。根据测算，排污权交易制度每年可以节约治理成本 10 亿美元左右[56]。

（2）美国生态补偿及对我国的启示

生态补偿制度是以保护和可持续利用生态服务系统为目的，以经济手段为主，调节相关利益关系的新型环境管理制度。20 世纪 30 年代，由于受到干旱、沙尘暴以及经济不景气的影响，美国联邦政府及州政府开始采用自愿支付的方式鼓励农户和农场主开展土壤保护和关于农业整体效益的改善。美国农业部在保护和恢复森林、农田及草地等方面发挥重要作用，其下设的农场服务局和自然资源保护局是实施生态补偿项目的主要机构。美国农业部实施的农业生态补偿主要涉及在耕土地项目、退耕休耕项目、农业用地保护项目和湿地保护项目。通过不懈的努力和长期的政策、财政支持，至 20 世纪 90 年代，美国国内农业生产环境损害得到缓解。在此基础上，美国将其成功经验进一步推广到流域生态补偿、森林资源补偿等方面，形成了一套系统生态补偿机制。

美国的农业生态补偿项目主要是由每 5 年修订一次的农业法案设立，通过美国农业部下设分支机构与其他组织和私有土地所有者合作，以契约的形式限定土地的使用权和发展权。项目执行机构设定项目目标和区域，并进行实地调查，一方面依据市场和土地生产水平及生产者的机会成本和发展成本制定针对不同区域的补偿标准；另一方面对当前环境状况进行反馈，以确定下一个农业法案补偿项目的目标，实现补偿机制的良性循环。

美国农业生态补偿通过联邦农业法案与地方环境法规的有机结合，建立了健全的法律体系。其倡导的自愿加入原则和竞争申请机制，使得政府在掌握项目主动权的同时，提高了公众参与的积极性。同时，其通过遍布全国的办公网络对项目实施状况进行及时监控和反馈，并参照联邦及各州技术委员会的建议，制定相应的评价标准对项目实施效果进行评价，建立以效益为核心的评价体系和违约惩罚体系，使得美国农业生态补偿项目建立了动态的管理体系，保障了项目的顺利实施。除此之外，针对不同区域环境问题和社会状况，不同时期的补偿案例也各具特色，包括针对补偿范围和对象设定不同的条件限制，采取多样化的补偿方式和标准，以保障项目运行的科学性。在生态敏感区域的土地得到优先补偿的同时，引入相应评价指数对土地进行评分排序，提高补偿标准的时效性和规范性，提升补偿资金的使用效率。

目前，我国已形成包括草原生态补偿、森林生态效益补偿、水资源生态补偿、重点生态功能区转移支付等在内的生态补偿制度，使我国生态恶化事态得到了一定程度的遏制。但是实际运行过程中，生态补偿条例和专门性法律法规缺失、补偿机制的运行缺乏市场化的操作、补偿标准缺乏对机会成本和发展成本的考虑、动态的监管体系和评价体系缺失等问题仍然突出[57]。美国生态补偿制度对我国生态补偿制度的完善具有以下几点启示：

一是补偿方式多样化。建立国家、地方、区域、行业多层次的补偿系统，实行政府主导、市场运作、公众参与的多样化生态补偿方式。除了目前起主要作用的财政转移支付和已初具雏形的横向生态补偿，探索通过产业转移、对口协作、人才培训等多样方式进行补偿。二是补偿方式市场化。通过清晰界定环境资源产权，提高对损害资源与环境行为的成本收费标准。例如，完善资源有偿使用制度，加强资源费的征收和管理；合理提高城镇污水处理收费标准；全面实行排污许可证制度和排污总量控制制度，提高排污费征收标准等。三是补偿管理规范化。包括建立统一的自然资源资产管理机构，实时跟踪自然资源产权变动情况；建立环境督查制度，加强对跨地区、跨流域环境问题的监督管理，协调保护者与受益者之间的补偿关系；建立生态补偿资金绩效考核机制，使财政资金最大限度地发挥激励和引导作用。四是补偿标准科学化。建立资源环境机制评价体系，选择生态服务价值或生态破坏损失作为生态补偿标准；建立自然资源和生态环境监测统计指标体系，使自然资源和生态环境价值评估从定性化走向定量化[58]。

专栏 1-2 美国土地休耕计划

土地休耕计划最初由 1985 年《食品安全法案》授权，由美国农业部下属的农业服务局负责项目的管理，由自然资源保护服务局、国家食品和农业研究所、林业局、地方水土保持机构以及其他非联邦技术援助机构提供技术支持。土地休耕计划资金来源于联邦政府财政投资，每年投资约 20 亿美元，被认为是美国农业部最成功的农业环境保护项目之一，也是规模最大的私有土地休耕计划。这些资金通过土地租金、成本分摊方式支付给土地休耕计划项目参与者，作为对耕地休耕的补偿，同时也支持农业中小企业发展。

在项目实施过程中，农业生产者或土地所有人自愿与政府签订土地合同，政府为参与者提供租金支付和成本分摊援助，将环境敏感性土地从农业生产中分离出来，提高富有生态价值土地的覆盖率。由于美国各州的土地成本不同，土地租金差异明显，土地休耕计划的租金率是根据当地的旱地租赁率计算的。成本分担是政府与农民为休耕土地恢复植被共同分摊成本，政府的补贴不超过农民付出成本的一半。

项目实施以来，一批地力下降严重、生态环境脆弱的耕地得到休养生息，土壤环境质量、水质、空气质量以及野生动物栖息地环境得到明显改善。虽然土地休耕计划实施最初是为了控制土壤侵蚀，但在多年的实施过程中，其目标也逐步发展为包括环境目标在内的多重目标，同时兼顾提高农民收入、维持参与者之间的公平性等[59]。

（3）欧盟环境税及对我国的启示

环境税收源于英国“福利经济学之父”庇古的外部性理论，其主张为克服私人和社会净产出之间的差异，国家应对产生外部负效应的企业征税，其数额应该等于该企业所造成的损害，以便使私人成本和社会成本相等；同时对产生外部正效应的单位给予补助或津贴，以此刺激产量增加。早在 20 世纪 70 年代初期，欧洲就开始研究环境税收，直到 20 世纪 80 年代初期，世界范围内掀起“税制绿化”发展势头，生态税的观念才得到突破性发展，欧盟各国环境税的种类日益增多。20 世纪 90 年代初期，欧洲国家为使新的环境税与原有税制更好地衔接，对环境税制进行改革，环境税政策经过不断补充和完善，出现大量实质性的环境税种。例如，1992 年，欧盟成员国开征能源税和二氧化碳税，范围涉及柴油、汽油、核能和电力等领域；1993 年，比利时通过《生态税法》，对饮料包装、工业品包装、农药和电池等物品进行征税；1996 年，英国开征垃圾填埋税；1997 年，欧盟成员国开始全面征收杀虫剂和化肥税；1998 年，瑞士开始征收挥发性有机化合物税和超轻供暖油税，将多征缴的环境税以降低医疗保险费的途径再返还给居民。在“绿色税制”的背景下，欧盟成员国不断地对环境税制体系进行补充和完善，经过 20 多年的发展，促使欧盟形成涵盖范围广、系统完善、具有一定规模的环境税收制度体系，为世界各国环境税制体系的构建起到一定的借鉴作用，为国际环境保护行动发挥了带动和示范效应。

根据环境税收制度目标和遵循的基本原则，欧盟成员国根据各国国情，构建符合自身环境标准与经济发展需要的环境税收体系。环境税征收范围逐渐扩大，环境税费种类已达 100 多种。根据税基、目的和内容将环境税划分为四大类别，具体包括污染物排放税（主要包括水污染税、大气污染税、噪声污染税）、污染产品税（主要包括固体废物税、臭氧层物质损害税、燃油税、电力税、机动车税、农药和化肥税、塑料制品税）、资源税（主要包括森林开采税、资源开采税、水资源开采税）、环境服务税（主要包括水污染处理税、危险废物税、垃圾处理与填埋税）。

杨志宇[60]分析了欧盟环境税收的发展经验，将其总结为以下 4 点：一是实行差别征收，充分体现税收优惠。欧盟各国依据污染的不同情况，制定出多项税收优惠政策，通过税收差别税率待遇，在环保行业实行税收返还制度，让环保产业能够享受税收优惠政策。税收优惠的税金用于补贴企业，激发企业节能减排的动力。由于实施税收差别税率待遇，纳税人能够认识到环境税的政策导向和调控意图，让环境税的调控效应得以最大限度地发挥。二是形成了各具特色的环境税制建设模式。在推进税收改革时，一边采用循序渐进模式，例如，分阶段对二氧化碳的排放征收污染物排放税，一边采用一揽子式税制建设模式，例如，丹麦、瑞典和荷兰等国从整体上构建其环境税收制度框架，用环境税来调整环境污染，促进资源环境可持续发展。三是保持宏观税负不变，实现税收中性。开征环境税不仅会加重企业的生产成本，削弱企业的竞争力，也会导致价格上涨，削弱消费者的购买力。因此，欧盟在征收环境税时，通过降低企业与个人所得税、社会保障税等措施，达到不增加总体税负的目的，实现税收中性。同时，对环境友好型企业或产品给予税收优惠。四是征收环境税与环境教育相结合。欧盟将可持续发展作为核心内容，开展环境教育，这样有助于环境税的顺利开征。如在无铅汽油和含铅汽油的选择利用方面，让消费者充分了解到含铅汽油对人体血液和大脑造成的危害，鼓励消费者尽量选择无铅汽油，使欧盟无铅汽油的普及率达到了 100%。

对照我国的环境保护税，欧盟的环境税存在以下可借鉴之处：一是欧盟环境税制度建立在其雄厚的经济实力和先进的环保理念之上，社会各方对环境税征收的接受度较高。我国目前正处于“费改税”的初级阶段，环境保护税法只能说是狭义上的环境税法，而对资源保护税另行立法，制度层面上也未形成完善的税收体系，因此需将环境保护税同资源保护税分别立法，加强对生态环境保护的针对性。二是从征收范围来看，我国环境保护税的税目明显少于欧盟，甚至有些行为，例如，依法设立的、符合标准的污水和生活垃圾处理及固体废物因不属于“直接向环境排放污染物”而无须缴纳环境保护税。这就导致同样是对环境产生了不利行为，有些企业需要缴税，有些则不需要，这就有违税收的公共性和环境保护的初衷。我国需适度扩大税收的税目，增强《中华人民共和国环境保护税法》的实施效果。三是欧盟在征税过程中较好地处理了地区发展差异。我国因幅员辽阔、资源分布不均，各地也存在发展差距大的问题。因此，可考虑在环境保护税法体系中，给予地方政府一定的灵活度，可结合本地现状对规范进行细化，使得经济发达地区和欠发达地区的环保目标、手段和重点有所区分[61]。

专栏 1-3 英国生态税

20 世纪 90 年代，由于劳动税等税收带来的沉重负担，英国产生了比较严重的失业问题，而且一直以来，英国环境征税力度不够，几经开征的生态税都没有收到预期的效果。随着生态税“双重红利”理论的提出，英国作为最早开征生态税的国家，也在生态税“双重红利”理论的指导下，进行了生态税改革。

英国开征了许多新的生态税种，如垃圾填埋税、气候变化税、机动车生态税、购房出租环保税、机场旅客税、石方税等。为了实现生态税税收中性和税收公平，新生态税种规定了税收优惠和税收差别制度。而且为减少新生态税种实施的阻力，政府调整原有税制，取消扭曲性的税收条款和补贴，改变现行生态税种的相关规定，实现了新的生态税种与原有税制的协调。改革中，根据税种不同、纳税主体不同，实行差别税率，并制定了一系列的税收优惠制度，从而实现了英国生态税的税收中性和税收公平，进一步取得了双重红利的效果。

自生态税实施以来，英国的二氧化硫、二氧化氮、二氧化碳等污染物的排放量减少十分明显。另资料显示，2004 年英国征得的生态税收入为 563.9 亿美元，占其当年税收总收入的 7.35%，占 GDP 的 2.64%[62]。

（4）日本循环经济

日本是世界上最早提出和推进“循环经济”并取得显著成效的发达国家。第二次世界大战后，日本政府采取了“生产优先”的经济政策，片面地注重工业化发展，大量消耗资源和能源、破坏自然环境和生态平衡，最终导致环境污染、公害事件频发。20 世纪 90 年代，日本在泡沫经济结束后出现了经济增长停滞，迫切需要新的经济增长点，日本政府也清醒地认识到日本“大量生产、大量消费、大量废弃”的社会发展模式不可持续。在这种背景下，日本提出循环经济模式并加以实践，主要目的是减少最终处置废弃物的数量，并通过制定大量法律和法规来实施计划，取得了明显的效果，使资源循环使用模式走在发达国家的前列。

李岩等[63]总结了日本循环经济的主要发展经验，一是制定了完善的法律制度。日本采取基本法统领综合法及各项专门法模式，基本法指《循环型社会形成推进基本法》，综合法指《废弃物处理法》和《资源有效利用促进法》，专门法包括《容器包装再生利用法》《家电再生利用法》《食品再生利用法》《建筑材料再生利用法》《绿色采购法》《汽车再生利用法》等。这一法律体系涵盖范围广泛，涵盖生产、消费、回收、处理及再利用等多个环节。法律可操作性较强，责任界定清晰，程序规定明确，详尽地规定了各方在废弃物处理以及资源再生利用方面的义务和应当达到的标准。二是构建了完备的政策体系。经济政策、规制政策和奖励政策等构成了日本促进循环经济发展的政策体系。经济政策是指一系列鼓励与支持循环型社会发展的经济优惠政策，主要利用经济手段刺激和促进循环经济的快速持续发展。在规制政策方面，日本对于各种违背建立循环型社会的不法行为防范严密，加大惩罚力度。在奖励政策方面，日本奖励有实用价值的新工艺及新方法的开发研制，如对节约能源、防治污染、降低资源消耗、废弃物循环利用等实行奖励。三是明确了全社会各方的主要责任。国家、地方政府主要承担制定环保和再生利用政策和措施的责任。环境省在发展循环经济和推进循环型社会建设中起着牵头作用。日本企业也拥有自己的"绿色经营"理念，并根据这个理念制定循环利用再生资源具体量化的中长期发展目标。在生产过程中，企业会采取必要措施控制原材料等转为废弃物，合理利用资源及延长产品使用寿命，以便减少废弃物的产生。日本公众也积极参与其中，主要表现为进行垃圾分类、购买绿色产品以及建立环境家计簿等。

我国一直面临发展循环型社会的迫切需求，日本实践经验对我国主要有以下几点启示：一是推动循环型社会的法制体系建设。根据新时期的发展需要，以"减量化、再利用、再循环"为原则，适时制定各项专项法，用法律形式来指导、约束企业和公众的行为，实现经济社会的可持续发展。二是坚持规划引领。围绕"十四五"的经济社会发展目标，制订建设循环型社会推进计划，确定目标、落实多元主体责任，量化评价指标，定期对计划的执行状况进行检查和评价。三是普及循环型社会理念。循环型社会的实现需要民众改变传统的生活习惯和消费方式，树立可持续的发展观、消费观。应加大宣传力度，宣传环境保护和可持续发展理念，鼓励民众自觉践行垃圾分类、垃圾减量，使用绿色低碳产品，抵制食品浪费和过度包装等。四是构建"多元协作"的循环型社会。明确各级政府、企业、社会组织、民众等多元主体的法律责任和义务，激励各方参与和提高参与能力[64]。

1.3.3　环境公共管理制度

（1）欧盟生态标签及对我国的启示

生态标签是欧盟于 1992 年通过 92/880/EEC 法规出台的一项自愿性生态和付费标签制度。因该标签呈现一朵绿色小花图样，获得生态标签的产品常被称为"贴花产品"。欧盟建立生态标签体系的初衷是希望把各类产品中在生态保护领域的佼佼者选出，予以肯定和鼓励，从而逐渐推动欧盟各类消费品的生产厂家进一步提高生态保护水平，使产品从设计、生产、销售到使用，直至废弃处理的整个生命周期内尽量不对生态环境带来危害。生态标签同时提示消费者，该产品符合欧盟规定的环保标准，是欧盟认可并鼓励消费者购买的“绿色产品”。对于电器产品，要获得欧盟生态标签，不仅仅要达到能效标准的要求，还必须考虑电器产品在自身的生命周期内的环境影响[65]。

欧盟生态标签主管机构是欧盟生态标签委员会，负责制定和修改生态标签标准并监督计划实施。其执行机构负责评估申请人资质并定期进行信息交流。为鼓励更多企业申请，欧盟尽可能降低相关费用，特别对小微企业和发展中国家中小企业提供费用优惠。生态标签覆盖个人护理用品、清洁用品、服装和纺织品、自制产品、电子设备、家具和床垫、园艺、纸制品、润滑剂、住宿等产品组。欧盟针对每个产品组量身制定适宜的标准，产品标准不仅体现对环境影响的要求，还体现对产品能效的要求，并随技术进步、减排要求及市场变化不断更新。在将产品纳入欧盟生态标签制度时，充分考量多项指标综合排序，包括环境绩效排名、与绿色公共采购的协调度、生态设计要求的连贯性、欧盟生态标签修订周期状态等，进而选出环境性能较好的产品组优先纳入[66]。欧盟生态标签颁发的基准是只覆盖当前市场上环境友好型产品的前10%～20%，即符合欧盟生态标签基准的产品和服务，与市场上的其他同类产品和服务相比，产生较少的废弃物和污染，最大限度地减少了对人类健康和动植物有害的物质的使用。生态标签是一项卓越的环境标志，所以贴有“欧盟之花”的产品在欧洲和全球都享有盛誉。它作为一种新型环境管理手段，通过对消费者市场需求的影响引导产业方向，实现循环经济和可持续发展战略目标。

生态标签制度自实施以来，在社会认可度、消费者意识及市场渗透方面发挥重要作用。2006 年调查显示，看到、听说或购买生态标签认证的产品的消费者比例仅为 11%；2014 年欧盟委员会一项研究发现 65%的消费者知道并信任欧盟生态标签。生态标签认证的产品数量也从 2012 年的 17 176 个增加到 2020 年 3 月的 70 692 个，呈持续迅速增长之势。其中法国（21%）、德国（13%）和西班牙（12.6%）占据了较大的生态标签份额。

专栏 1-4 欧盟生态标签

如果生产商希望获得欧盟生态标签，必须向欧盟各成员国管理机构提出申请，完成规定的测试程序并提交规定的测试数据，证明产品达到了生态标签的授予标准。具体步骤如下：

（1）递交申请。来自欧盟以外的第三国生产商或出口商，可以向欧盟任何一个成员国的生态标签管理机构递交申请，并同时提供必要的信息和测试结果以证明产品符合生态和性能标准。

（2）资料审核。生态标签管理机构根据生产商或进口商提供的信息和测试结果对申请进行评估，评判相关产品是否达到欧盟制定的生态标准，审批程序一般在 3 个月内完成。

（3）合同签订。如果产品满足生态标准及相关性能要求，生态标签管理机构会与生产商签订可以使用生态标签的合同。

（4）使用费交付。产品被允许加贴生态标签后，生产商还应支付生态标签的年度使用费。目前，欧盟为生态标签年费制定了最高 25 000 欧元的收费标准，对于中小企业及发展中国家的企业费用会相应减少。通过 EMAS/ISO 14001 认证的企业，生态标签的年使用费还可减少 50%。

（5）使用监督。生态标签的授予机构有权抽查生产商的生产车间及产品，来保障产品的生态真实性。同时，生产商也可以向授予机构寻求市场宣传的帮助[67]。

我国环境标志制度是在 1992 年联合国可持续发展理念和国际生态标签运动背景下提出的，提出的初衷是为了倡导绿色消费、跨越欧盟等国家和地区设置的绿色贸易壁垒、鼓励企业通过环境标志提升市场竞争力。与欧盟成熟的生态标签体系相比，我国仍有许多工作要做：一是加强环境标志的宣传，提高消费者和企业对环境标志的认可度。例如，区分不同群体，制订有针对性的宣传计划，强化对消费者尤其是学生和青年的绿色消费宣传教育，对生产商通过企业走访、新闻媒体、会议博览等开展宣传。二是将环境标志与相关环境扶持政策相结合，考虑将中小企业扶持计划、政府绿色采购、环境标志计划、能效标签计划、生态设计、绿色零售等整合，发挥政策的协同作用，降低中小企业的生产成本。三是持续对环境标志产品标准进行更新，不能因标准过于宽松而缺乏信服力[66]。

（2）日本社会共治及对我国的启示

在全球范围内，日本长期被视为生态治理的典范。日本之所以在生态治理领域取得令人瞩目的成就，除了各国通行的经验，如推动环境立法、加大财政投入、提升环保技术和管理水平之外，其独特性在于：比起人与自然关系的调适，日本的生态治理更重视人与人之间自然资源的分配关系转变。因此，日本公众广泛的社会参与，对生态环境问题的现实状况的关注，有利于调整影响生态环境的社会关系，在多主体利益博弈中形成多元共治的基本格局，有力提升了日本的生态治理水平。

为确保全社会都积极参与环保，日本政府一是不断健全环保法律体系，做到有法可依。如 20 世纪 60 年代，制定《环境污染控制基本法》《公害对策基本法》等；20 世纪 70 年代，制定防治公害的 6 部法律，并对原有 8 部相关法律进行修订；20 世纪 80 年代，针对高技术问题，实施“新阳光计划”“月光计划”；20 世纪 90 年代，确立了“环境优先”原则；2003 年，颁布了《环境教育法》，从学校、企业、社会三个方面强化生态伦理与环境法制教育。二是开展“三位一体”的环保教育，既重视学校环境教育，又重视家庭环境教育和社会环境教育。日本教育部门充分结合每一个教育阶段学生的特点开展具有不同侧重点的环境教育，例如，在小学阶段主要组织学生进行实践活动，让学生在实践中充分认识自然的价值以及人和自然的关系；初中阶段重视培养学生了解自然界的因果关系；高中阶段侧重于提高学生主动保护自然环境的能力。此外，日本政府积极通过各种渠道推进社会环境教育，在社区设立环境教育中心以及相关主题展览馆、博物馆，设立节能日、节能月等提高公众的环保意识。三是提高公众的参与热情。例如，运用经济杠杆提高民众的参与度，消费者购买通过认证的车辆可享受不同幅度的车辆购置税和使用税优惠；购置清洁环保车辆的公共团体可申请政府补助。为市民开通畅通的环保参与渠道，社会团体可以通过公告及时了解环境政策以及政府和企业对环保的贡献情况，保证了民众的监督权。政府还通过一系列财政政策引导企业转型，使其完成了从被动治污—主动治污—积极强化环境责任—提升企业生态环保形象的路线转变[68]。

对比日本，我国公众参与环保事业的意识不足、程度不高。主要表现在：一是公众参与在法律层面缺乏可操作性。不可否认的是我国对于公众参与在法律中给予了明显的鼓励，但是对于广大公众的参与方式、内容，组织者的相关组织权利和义务，以及有效的保障机制都处于较为空缺的状态，这就使得我国的环境保护公众参与制度只是在形式上满足和体现了公众的参与需求，却没有实践性和可操作性。公众参与的方式也相对被动，行政管理机构对公众参与的形式、内容、程度有着绝对的管理权。二是环保社会组织发展受限。受原告诉讼资格问题、司法制度不完善问题和执行落实难问题等一系列因素的影响，环保社会组织的作用受到极大阻碍，不利于我国公众参与制度的制定和落实[69]。三是环境信息公开制度不完善。企业和政府由于对环境信息公开的重要性和作用认识不到位，或者出于利益和自身保护的考虑，往往缺乏对环境信息公开的主动性[70]。公开的信息中部分信息又是以监测数据方式呈现的，具有较高的专业性，普通公众根本看不懂，也不能全面理解，导致公众参与热情降低。而且，信息强制公开的范围较小，也限制了公众的知情需求和监督权利[71]。

专栏 1-5 日本“邻避”项目

20 世纪 60 年代后期，日本 4 种公害病的受害者向法庭状告排污企业，轰动一时的“四大公害诉讼”拉开了日本公众参与的序幕。20 世纪七八十年代，日本政府希望建立垃圾焚烧厂以解决城市垃圾带来的环境恶化问题，遭到了设施周边居民的强烈反对和阻挠。在激烈的对峙过程中，日本政府和公众两败俱伤，双方逐步认识到只有加深互动、共同合作才是解决“邻避”问题的途径。此后，政府和公民开始探索公众参与“邻避”项目模式。日本政府开始逐步实现公众环境权益法律化、制度化，将公众参与程序纳入政策制定过程中，进一步加强社会制衡作用。

日本政府通过颁布一系列环境法律和制定相关环境政策，赋予和保障了社会公众的环境权益，并通过这些权益的规定激励公众对环境损害行为进行监督和制约，使公众参与做到法律化和制度化。《行政机关保有信息公开法》《对环境省保有的行政公文提出公开请求作出公开决定的审查基础》《日本信息公开法》等法律明确了政务信息公开要求。《污染物排放和转移登记法》规定企业有义务公布有害物质排放量报告。《环境基本法》《环境基本计划》《环境影响评价法》《大气污染防治法》《噪声控制法》等规定政府应当鼓励公众和社会环保组织参与到环境保护的整个过程中，保障公民能够合法参与。

公众参与也渗透到“邻避”项目的各个环节，包括项目选址、环评、建设和运行等阶段。在选址阶段，召集市民以及地方自治体组成委员会，参与选址讨论。在环评阶段，设置环境影响评价草案公开审查环节，充分征求公众意见，要求项目提议者通过举行听证会向市民说明设施对环境的影响、环境保障措施、调查结果等。在项目建设和运行阶段，通过采取向市民公开说明建设方案、开展公益服务和签订安全协议等措施接受公众监督，每年进行数次环境监测，监测结果全部向居民公开[72]。

1.3.4　政策启示

一是在环境法律领域，经过多年探索，虽然我国已形成了较为完善的环境法律体系，但同发达国家相比，我国仍存在不足。主要表现在法律之间缺乏协调性。例如，我国对法学及对环境法律法规体系架构的认识还没有形成统一的认知观念，对涉及保护自然资源与生态环境的环境法律在划分上仍不清晰明确。由于生态环境与自然资源的关系也比较密切，使得《中华人民共和国环境保护法》主要是在与自然资源保护相关的法律法规基础上形成的，对自然资源相关部门的依赖性较强。虽然二者都有独立的法律，但是在划分时十分困难。为了能够使环境法充分发挥出应有的作用，就需要对其内容进行重新构架和完善。环境法律法规体系主要包含生态保护法、防灾减灾法等七大方面的法律法规内容，在对该体系进行完善和整合时，需从这七大方面入手，根据其关联性，进行立法完善。立法机关也需以科学发展观为指导思想，基于宪法与环境法的要求，全面审视该体系内各法律法规与规章制度内容，并及时废除该体系中不合理的法律[73]。

二是在环境经济政策领域，根据郝春旭等[74]对我国包括环境财政政策、环境价格政策、生态补偿政策、环境权益交易政策、环境税收政策、绿色金融政策等在内的环境经济政策的评估，随着生态文明体制改革的不断深入以及市场在资源配置中决定性作用的发挥，我国环境经济政策有效运行的制度基础初步夯实。但结合国外先进经验，还应在以下几方面继续开展相关工作：在环境财政政策方面，应继续加大环保财政资金投入力度、优化环保专项资金的结构以及创新环保财政资金的使用模式；在环境价格政策方面，应及时将治理技术成熟但未纳入现行价格体系的市政领域污染物，如污水处理中的污泥等，反映在价格体系中；在生态补偿政策方面，应尽快出台《生态保护补偿条例》及其实施细则和技术指南，同时，促进补偿标准、范围、资金来源和方式的科学化与多元化；在环境权益交易政策方面，应扎实推进排污权交易，研究制定鼓励排污权交易的财税等扶持政策，积极探索排污权抵押融资，鼓励社会资本参与污染物减排和排污权交易；在绿色金融政策方面，应健全企业环境信息强制披露制度等，夯实绿色金融的制度基础，除重点排污单位外，还应明确上市企业环境信息披露的内容、指标、格式和信息产生方法，建立环境信息报告数据库、网络平台以及企业环境信息披露的审核机制[75]。

三是在公共管理领域，我国环保意识培养和公众参与部分存在明显不足。公众参与和社会监督是推进环境治理体系和治理能力现代化的重要一环，是强化生态环境监管能力的重要补充，也是减少生活型污染排放的重要途径[76]。我国需借鉴日本等国家的经验，首先从环境教育入手，借助社会各界的力量，开展丰富多彩、形式多样、与工作生活息息相关的环境教育活动。突出抓好环境主题宣传，分对象、分层次推进环境宣传主题活动。以培训为手段，完善包括学校、社区、企业和社会公益教育等在内的环境教育。逐步建立起多渠道、多层次、全方位的环境教育体系[77]。其次，完善《环境保护公众参与办法》相关规定，从法规政策制定的参与、政府决策的参与和后续监督的参与等层面对公众参与事项在立法层面予以更为细致、明确的规定，并明确公众参与各项环保事业的方式，如对于大型活动事项可采用座谈会、专家论证、听证会的形式，对于小型活动事项可采取征求民意、问卷调查等形式[78]。再次，公众参与环保事业的程度与环境信息的公开程度息息相关，需建立多级的信息共享机制，全面提升政府和企业环境信息的透明度。包括加大信息公开程度和公开量，拓宽信息的公开渠道，结合微信、微博、公交车电子屏等公共平台发布相关内容，并详细解读数据含义，保证公众能够直观、清晰地了解环境信息，读懂其内容，充分满足公众对环境信息的需求。最后，推动环保组织更为广泛地参与，通过制度设计向环保组织赋权，给予其更多的空间，既保障其在环境监测、环境教育、资源循环利用等方面发挥作用，也保障其在环境公益诉讼中取得主动权。

第 2 章　江苏省生态环境与社会经济发展状况

2.1　社会经济发展特征分析

党的十八大以来，江苏坚持以习近平新时代中国特色社会主义思想为指导，积极践行新发展理念，大力推进“六个高质量”发展，“强富美高”新江苏建设和高水平全面建成小康社会取得巨大成就。江苏以占全国 1.1%的土地、5.8%的人口，创造了全国 10.3%的生产总值和 9.6%的财政一般预算收入，为全国发展大局做出了重大贡献。

2.1.1　经济总量

“十三五”以来，在复杂变化的外部环境下，江苏主动调结构、促转型，实现经济总量高基数基础上的中高速增长，连跨三个“万亿元”台阶，2020 年国内生产总值（GDP）首次突破 10 万亿元大关，从 2015 年的 7.13 万亿元增长到 2020 年的 10.27 万亿元，增长了 44.04%，年均增长率达到 7.6%（图 2-1）。

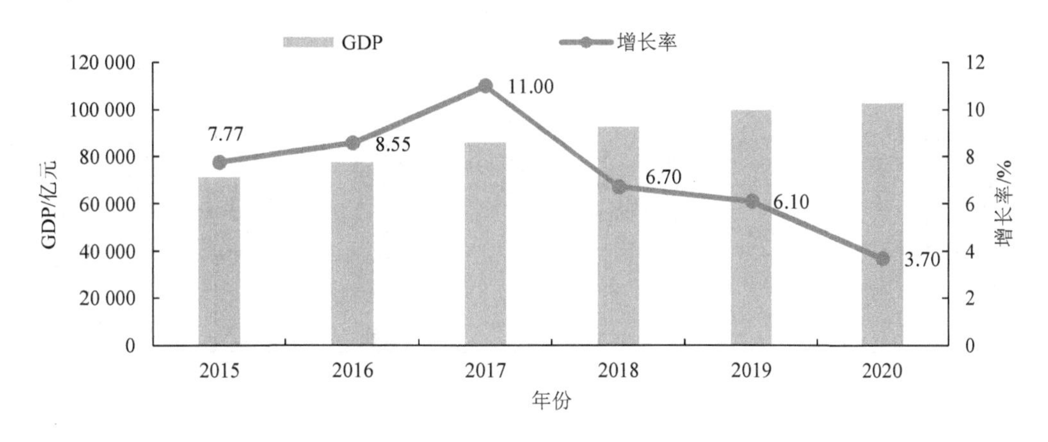

图 2-1　2015—2020 年江苏省 GDP 变化趋势

2020 年江苏实现人均 GDP 125 000 元，按汇率折算约为 19 230 美元，与 2017 年世界银行最新发布的 12 056 美元高收入标准相比，江苏已超过高收入门槛 7 174 美元。从全国来看，江苏人均 GDP 水平高、增速快，居全国各省（区）之首。20 世纪 90 年代初，江苏人均 GDP 为全国的 1.3 倍，2020 年已达全国的 1.7 倍，其中苏南地区约为全国的 2.5 倍（图 2-2）。

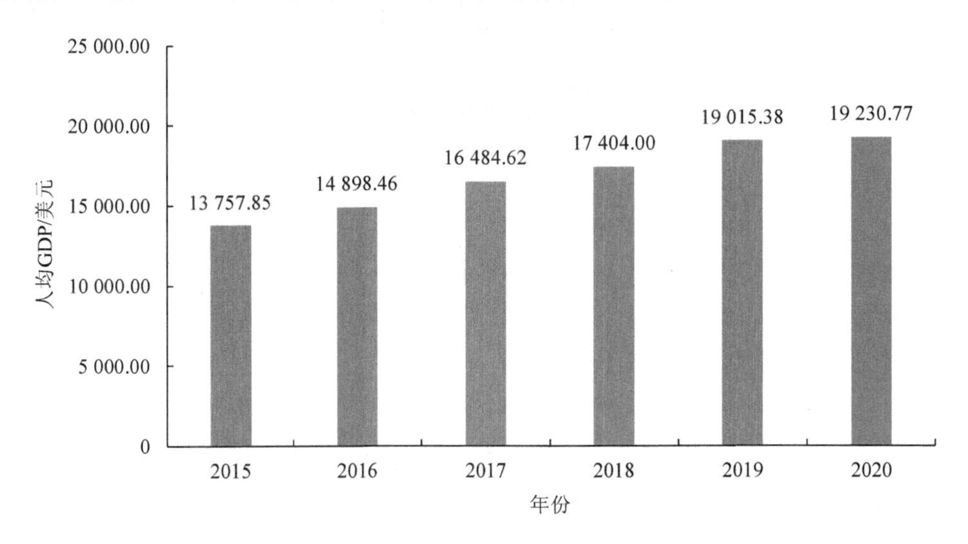

图 2-2 2015—2020 年江苏省人均 GDP 变化趋势

2.1.2 人口规模和城镇化

江苏常住人口总量增长缓慢。2019 年，常住人口总量达到 8 070.0 万人，与 2015 年年末相比，增加 93.7 万人（图 2-3）。全省人口密度从 2015 年的每平方千米 752 人增加到 2019 年的 765 人。全省常住人口总量年均增长仅约 0.3%，低于 2002—2012 年 10 年间年均 0.7% 的增长速度。

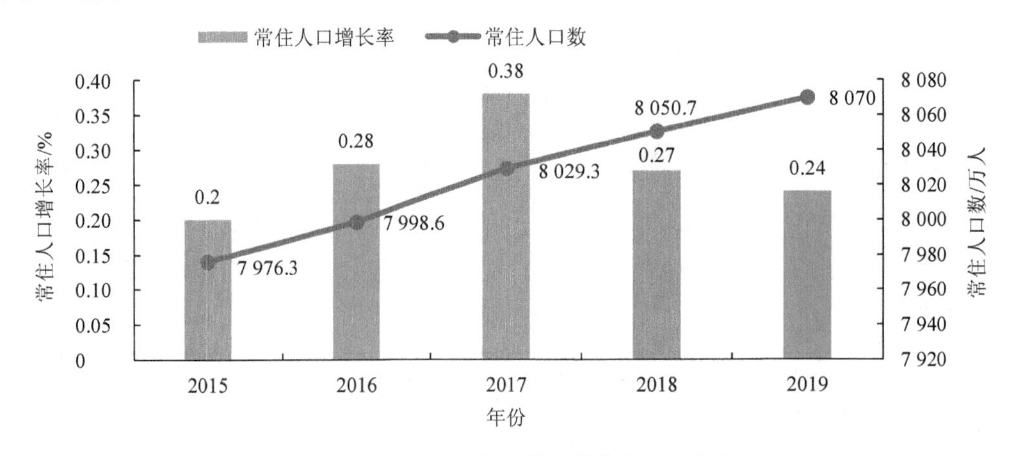

图 2-3 2015—2020 年江苏省常住人口变化趋势

近年来，江苏省城镇化水平在高水平基础上仍旧保持较快速度发展。2015—2020 年，全省常住人口城镇化率由 66.52%提高到 72%，上升 5.48 个百分点（图 2-4）。2020 年，江苏省城镇化水平比全国平均水平（65%）高 7 个百分点。在全国各省（区、市）中，位列上海市（88.00%）、北京市（86.60%）、天津市（83.48%）之后，广东省（71.4%）、浙江省（70.00%）和辽宁省（68.11%）之前，居第四位。

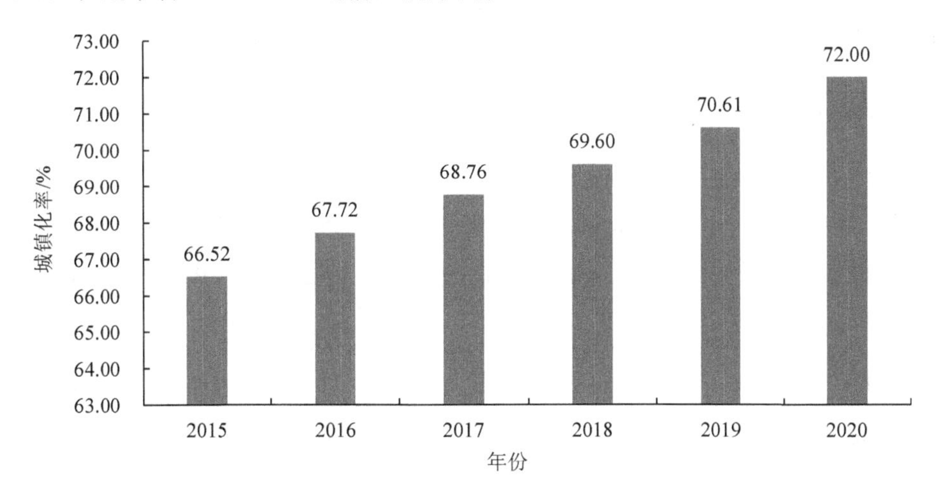

图 2-4 2015—2020 年江苏省城镇化率变化趋势

2.1.3 产业结构

产业结构持续优化。2015 年以来，江苏省产业结构持续优化，2020 年第三产业比重较 2015 年增加 9.15%，第二产业比重降低 7.03%，其中 2016 年，第三产业占比首次超过 50%，2020 年达 52.50%（图 2-5）。

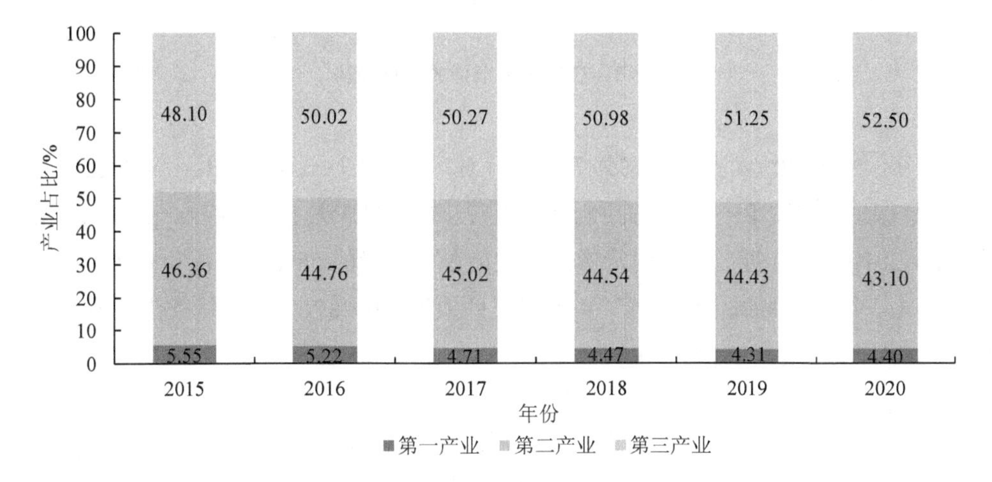

图 2-5 2015—2020 年江苏省三次产业结构变化趋势

产业发展迈向中高端。“江苏制造”享誉全球，工业增加值由1952年的7.63亿元增长至2019年的38 314.41亿元，占经济总量的比重由15.8%提升至2006年的51.3%，达到最高点。2020年，全省战略性新兴产业、高新技术产业产值占规上工业比重达到37.8%和46.5%。2018年高新技术产品出口突破万亿元，达到10 126.2亿元，占出口总额比重达38%。全国超过1/5的高新技术产品出口来自“江苏制造”。2018年，江苏全社会研究与试验发展（R&D）活动经费占地区生产总值比重达2.70%，较2014年增长0.2个百分点。

2.1.4 能源消费

江苏省是全国产电和用电大省。2020年全省发电量全国排名第二，全省发电量累计5 073.67亿kW·h，占全国的6.84%；2020年全省全社会用电量累计6 374亿kW·h，占全国的8.48%，位列全国第三，其中累计工业用电量4 523.1亿kW·h（图2-6）。

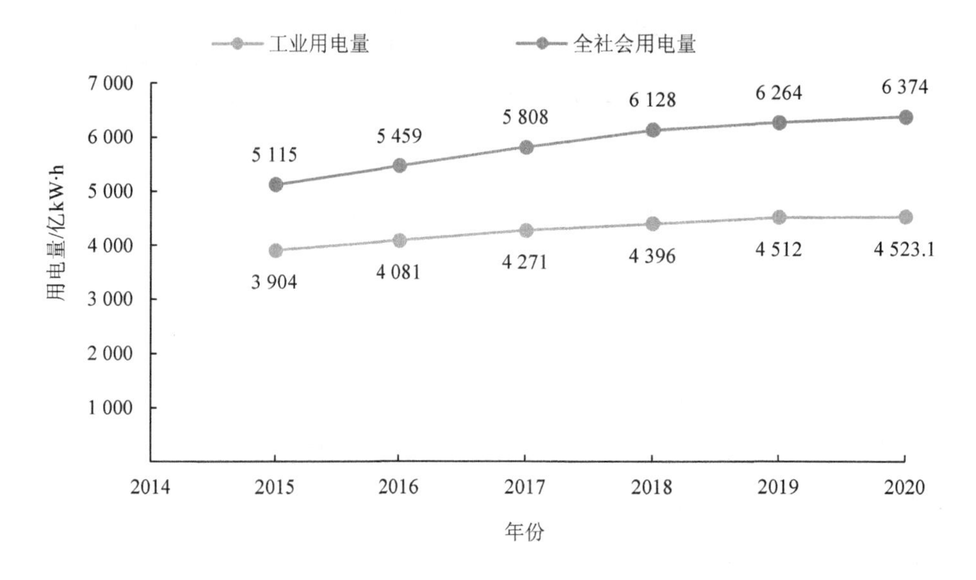

图2-6 江苏省用电量的变化趋势

2019年，江苏能源消费总量约为3.22亿t标准煤，“十三五”期间，江苏能源消费总量增速一直保持在3%以内，合理控制能源消费总量初见成效（图2-7）。全省能源消费以煤炭为主，2019年，江苏省煤炭消费量占一次能源消费量的58%，其中50%以上的煤炭用于火力发电。全省92%以上的煤炭、94%以上的原油、99%以上的天然气依靠外部，储备能力较为薄弱，能源结构转型难度大。

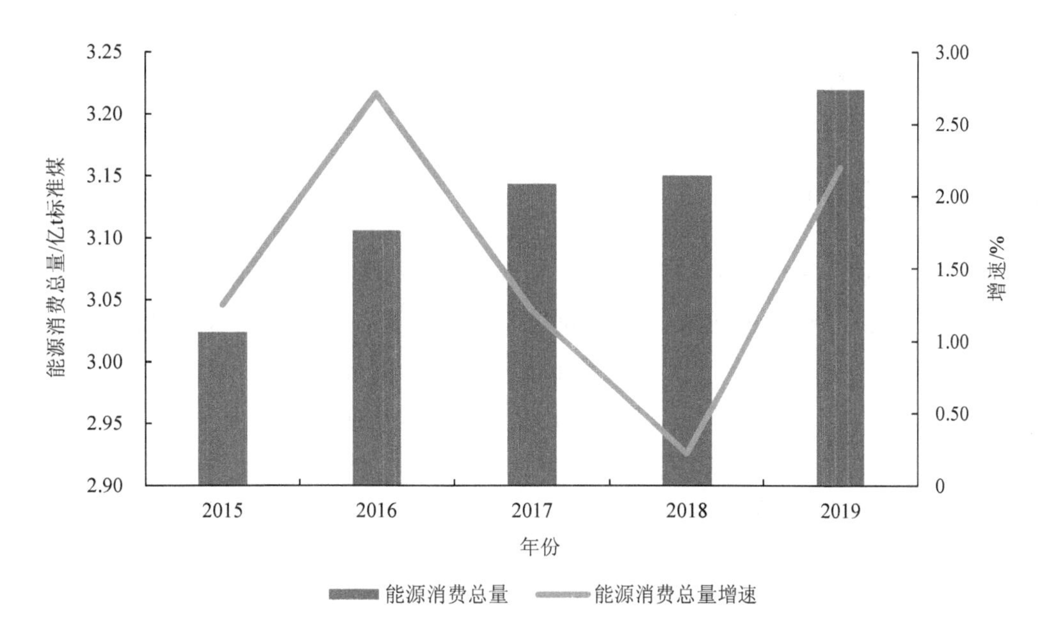

图 2-7　江苏省能源消费总量变化

2.1.5　综合判断

根据钱纳里、赛尔奎等的工业化阶段的划分，江苏省大体在“十五”末期进入工业化中期阶段，至“十一五”末期，处于工业化中期向后期过渡阶段，至“十二五”初期，江苏省基本进入工业化后期阶段。2020 年，江苏省人均 GDP 约为 12.50 万元（约 1.92 万美元），三次产业比重为 4.40∶43.10∶52.50，第一产业就业人员占比 15.5%，城镇化率 72%，江苏省已经基本进入后工业化阶段（表 2-1）。

表 2-1　关于钱纳里、赛尔奎等的工业阶段的划分

基本指标	前工业化阶段	工业化实现阶段			后工业化阶段	江苏省（2020 年）
		初期	中期	后期		
人均 GDP/美元（PPP）	827～1 654	1 654～3 308	3 308～6 615	6 615～12 398	12 398 以上	1.92 万
三次产业产值结构（产业结构）	A＞I	A＞20% A＜I	A＜20% I＞S	A＜10% I＞S	A＜10% I＜S	4.40%＜10% 43.10%＜52.50%
第一产业就业人员占比（就业结构）/%	60 以上	45～60	30～45	10～30	10 以下	15.5
城镇化率/%	30 以下	30～50	50～60	60～75	75 以上	72（常住）

注：A 代表第一产业，I 代表第二产业，S 代表第三产业。PPP 表示购买力平价。
江苏省城镇化率按常住人口计算。

2.2　生态环境质量现状分析

2.2.1　空气环境质量

2020 年，城市空气质量优良天数比例为 81%，同比增加 9.6 个百分点，比 2015 年提高 14.2 个百分点；$PM_{2.5}$平均浓度为 38 μg/m³，同比下降 11.6%，为有监测以来最好状态，实现七连降。2019 年，13 个设区市浓度范围为 37～57 μg/m³，徐州市最高，南通市最低。就 $PM_{2.5}$浓度而言，南京、苏州、无锡、南通、盐城 5 市达标，其余 8 市未达标（图 2-8～图 2-11）。2019 年 5 月、7—10 月 O_3浓度同比升幅明显，优良天数比例显著下降，导致全年优良天数比例考核达标困难。

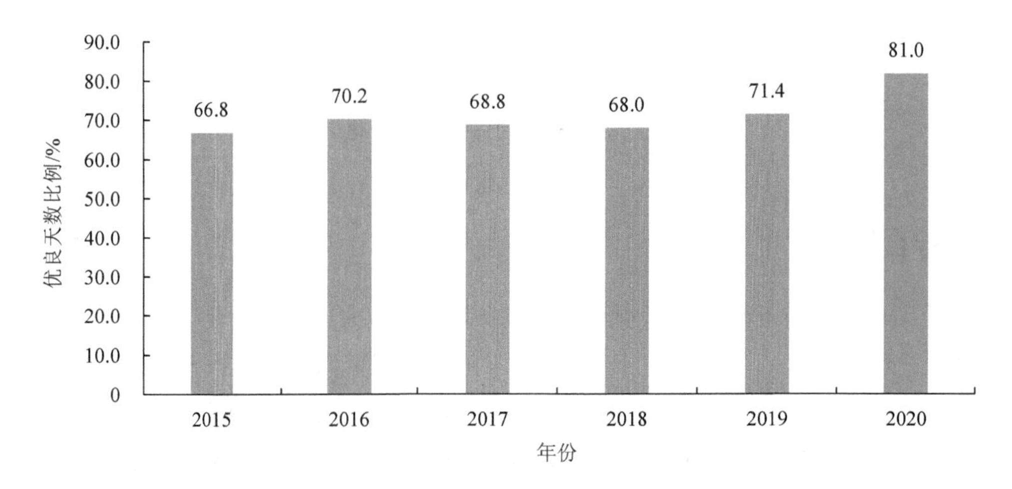

图 2-8　2015—2020 年江苏省优良天数比例变化情况

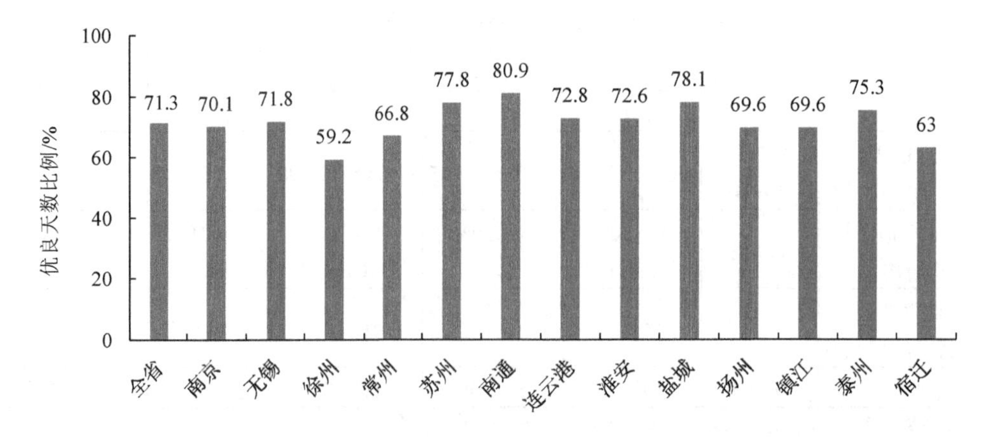

图 2-9　2019 年全省及 13 个设区市环境空气质量优良天数比例

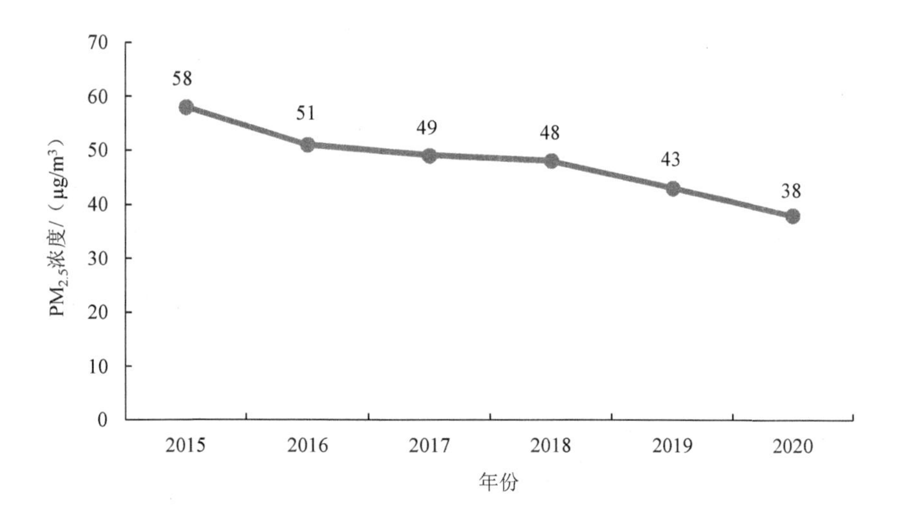

图 2-10　2015—2020 年江苏省 $PM_{2.5}$ 浓度变化情况

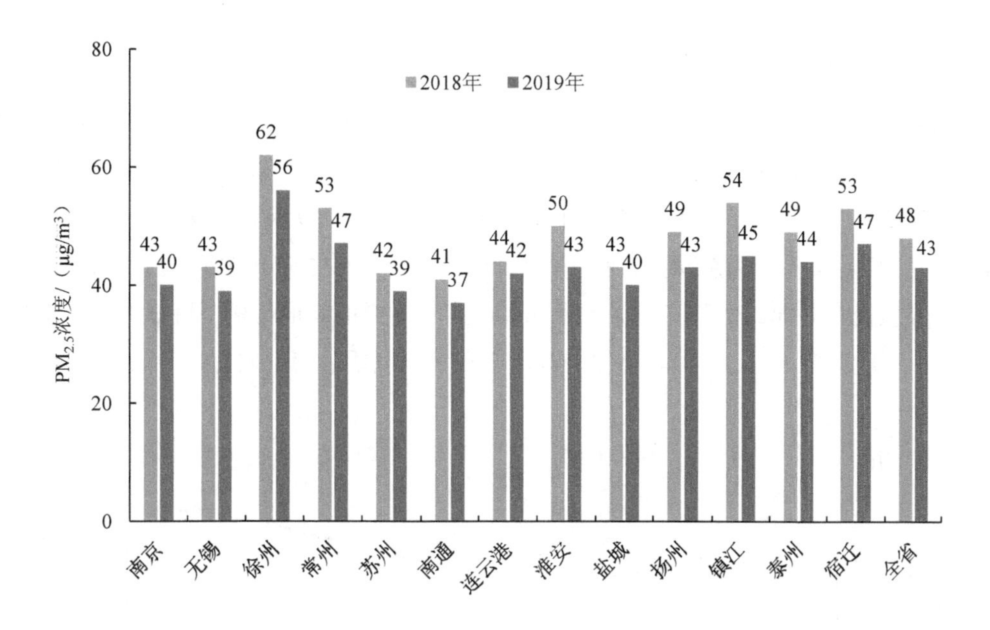

图 2-11　2019 年全省及 13 个设区市环境空气中 $PM_{2.5}$ 浓度及同比

根据源解析，2019 年全省 $PM_{2.5}$ 浓度主要受内源影响，贡献率达 65%，外源贡献率为 35%，13 个设区市中徐州市 $PM_{2.5}$ 浓度显著受外源影响，外源贡献率达 56.9%（图 2-12）。

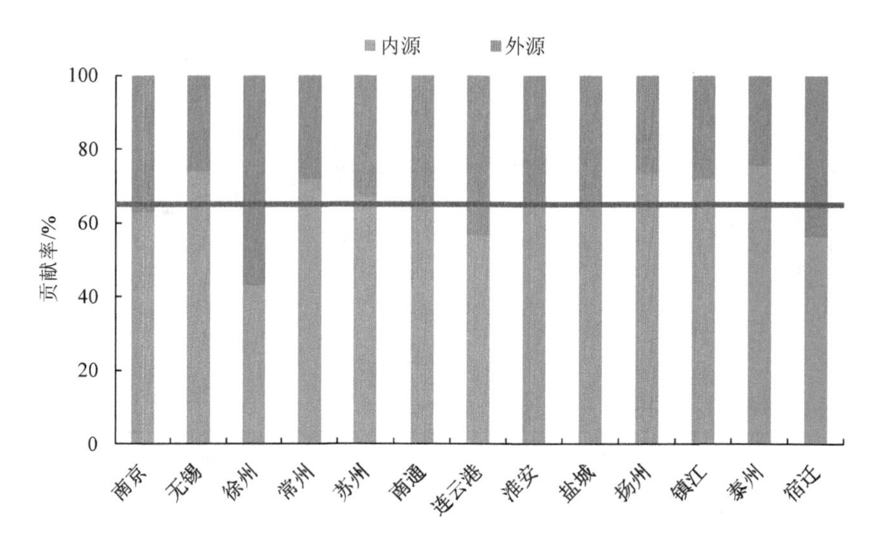

图 2-12　2019 年 13 个设区市颗粒物源解析

2.2.2　水环境质量

2020 年，全省国考断面水质优良（达到或优于Ⅲ类）比例为 86.5%，较 2015 年升高 24.3 个百分点；2019 年首次无劣Ⅴ类断面，2020 年同比持平，较 2015 年降低 7.1 个百分点（图 2-13）。2020 年，全省省考断面（含国考断面）水质优良比例为 91.5%，无劣于Ⅴ类断面。主要污染指标为总磷，断面超标率为 3.7%。与 2015 年（实测 321 个断面）相比，2019 年水质优良断面比例升高 26.4 个百分点，劣于Ⅴ类的断面比例下降 3.7 个百分点，水质总体呈上升趋势（图 2-14）。总体来看，全省水环境质量稳中向好，总磷超标现象仍然突出。

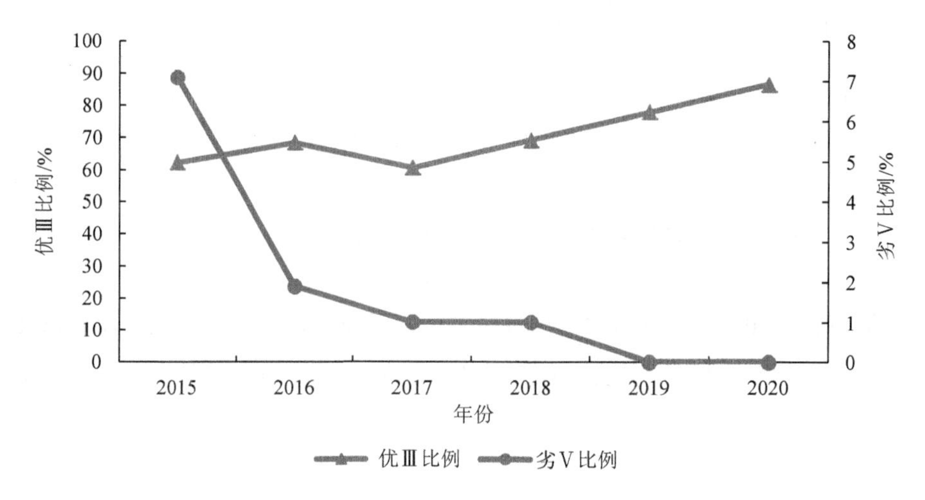

图 2-13　2015—2020 年全省国考断面水质变化情况

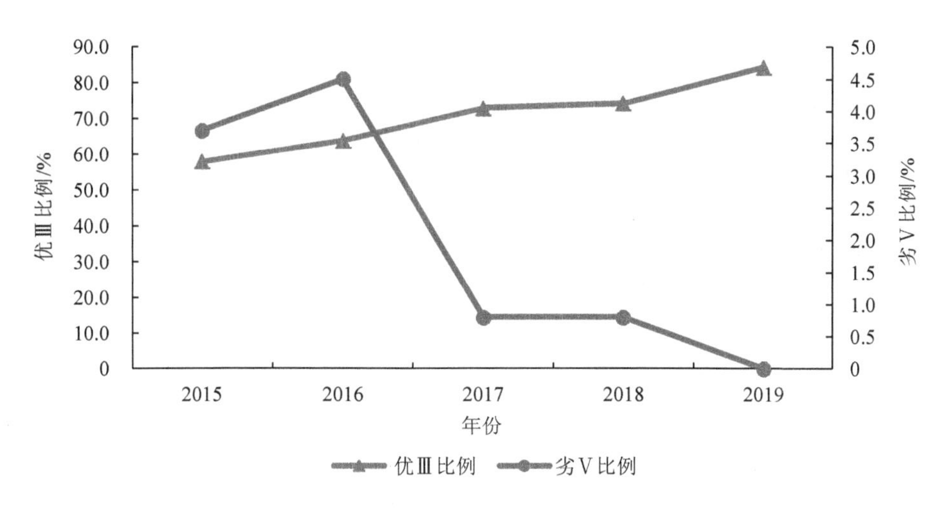

图 2-14　2015—2019 年全省省考断面水质变化情况

2019 年，长江流域江苏省省考断面水质优良比例为 85.8%，Ⅱ类占比 21.6%，无劣Ⅴ类断面。与 2015 年（实测 177 个断面）相比，长江流域省考断面水质优良比例提升 38.9 个百分点，劣于Ⅴ类的断面比例下降 7.9 个百分点（图 2-15）。长江流域主要入江支流水质优良比例为 91.1%，较 2015 年提升 29.8 个百分点。长江流域水质超标的断面共 7 个，主要污染指标为总磷，超标率为 3.4%。

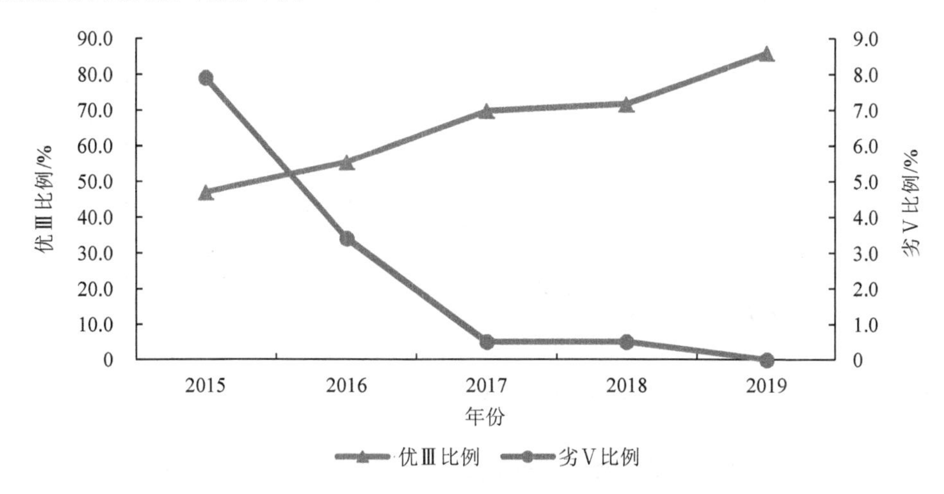

图 2-15　2015—2019 年长江流域江苏省省考断面水质变化情况

2019 年，太湖流域水质优良比例为 84.6%，与 2015 年相比省考断面水质优良比例提升 44.3 个百分点，劣于Ⅴ类的断面比例下降 6.5 个百分点。主要污染指标为总磷，超标率为 2.9%（图 2-16）。

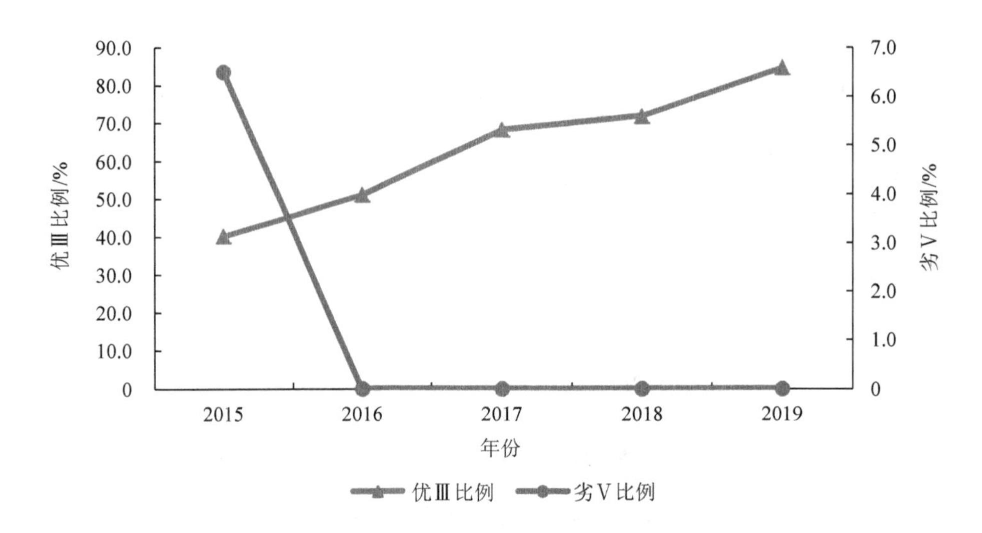

图 2-16 2015—2019 年太湖流域省考断面水质变化情况

2019 年，淮河流域江苏省省考断面水质优良比例为 80.7%，比 2015 年省考断面水质优良比例提升 10.0 个百分点，劣于V类的断面比例下降 2.8 个百分点（图 2-17）。

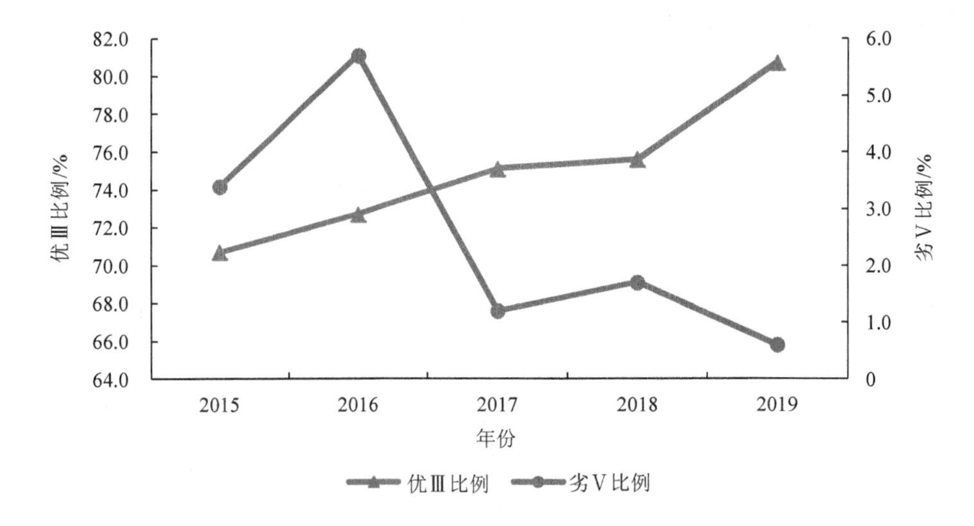

图 2-17 2015—2019 年淮河流域江苏省省考断面水质变化情况

2019 年，江苏省近岸海域水质良好，同比改善明显。全年近岸海域优良面积比例为 89.7%，同比提高 41.2 个百分点；全年近岸海域劣四类海水面积比例为 0.8%，同比下降 5 个百分点，但尚未完成入海河流消除劣V类的目标（图 2-18）。

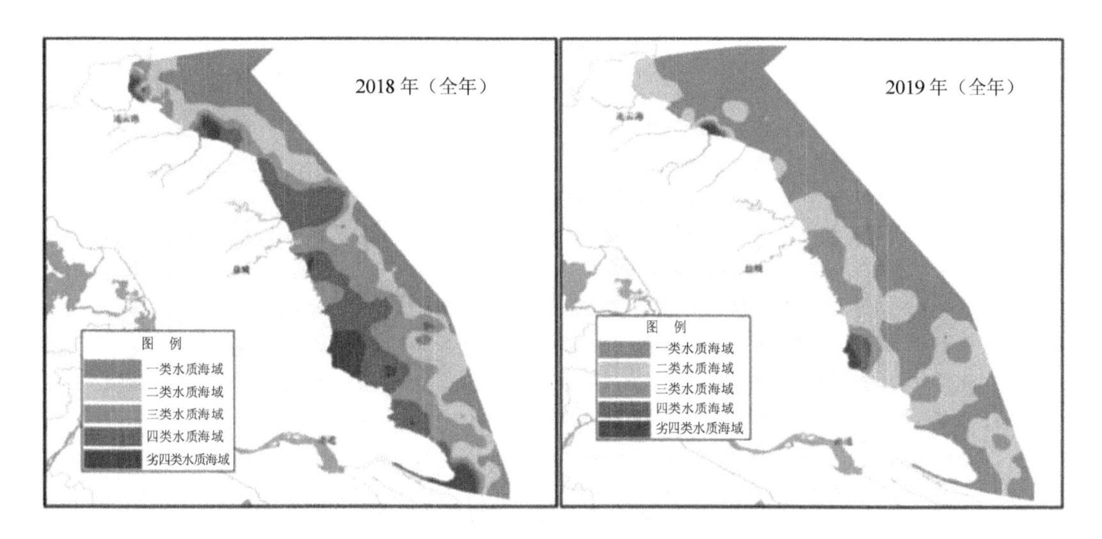

图 2-18　全省近岸海域海水各类水质面积分布

2.2.3　生态环境状况

2019 年全省生态环境状况指数为 66.1，处于良好状态，比 2018 年下降了 0.1，生态环境状况无明显变化。13 个设区市生态环境状况指数分布范围为 61.6～70.4，生态环境状况均处于良好状态，其中淮安、泰州生态环境状况相对较好。2018—2019 年，全省设区市生态环境状况基本无明显变化。镇江市受水资源量影响，生态环境状况指数减少了 1.3，其余设区市生态环境状况指数变化幅度均在 1.0 以内。植被覆盖指数和水网密度指数变化是造成环境状况略微波动的主要原因（图 2-19～图 2-21）。

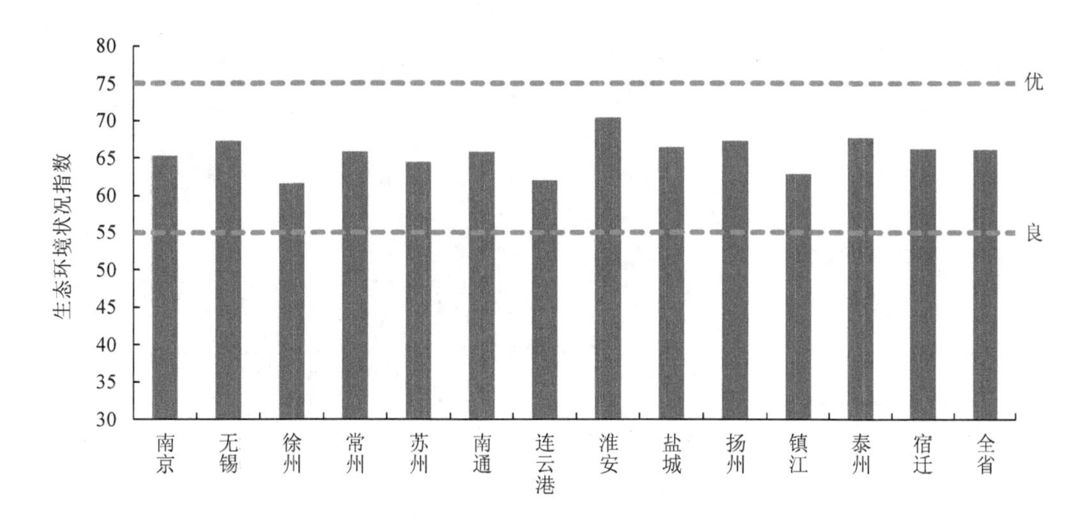

图 2-19　2019 年全省及各设区市生态环境状况指数

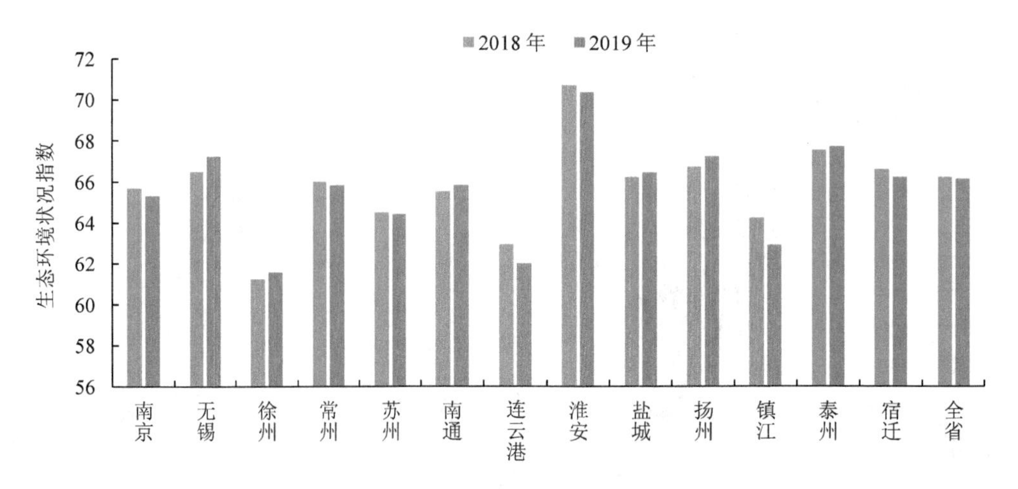

图 2-20 2018—2019 年全省及各设区市生态环境状况指数变化

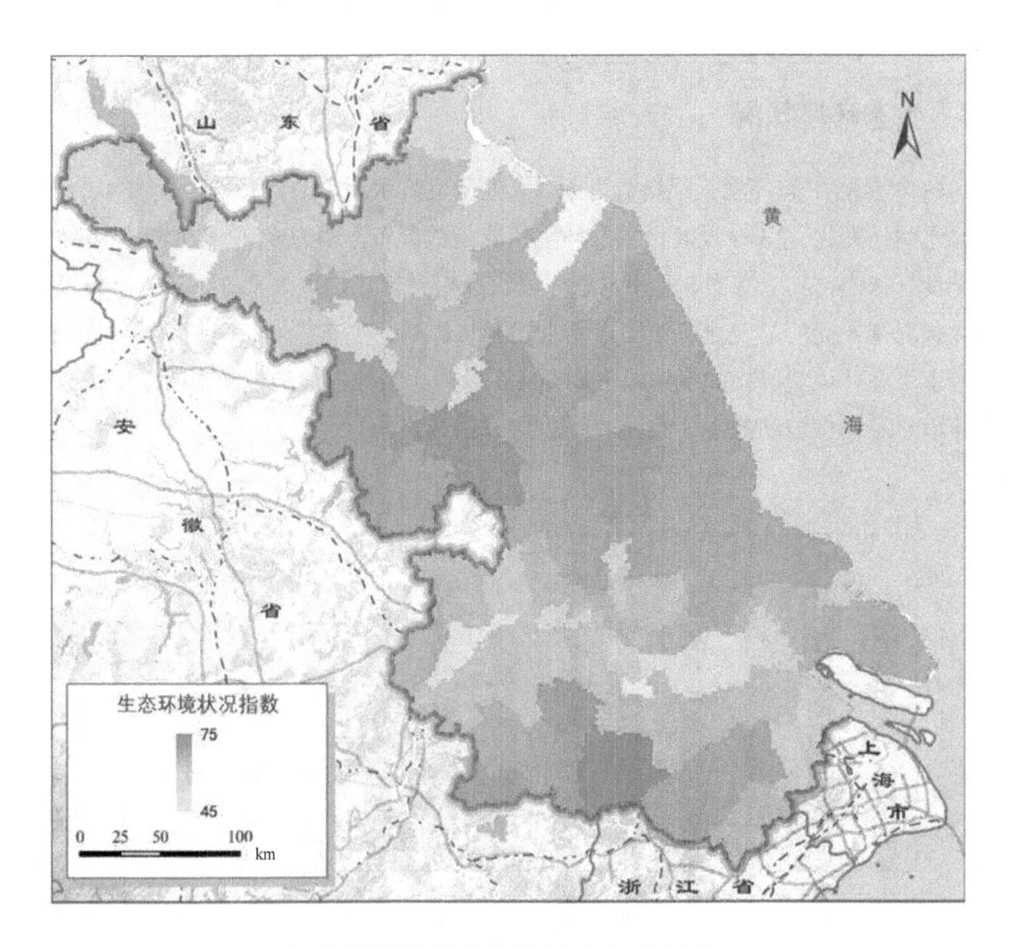

图 2-21 2019 年全省生态环境状况分布

2019 年江苏省湿地生态系统总面积达 17 318.6 km^2，占全省陆地面积的 16.9%，同比减少 15.2 km^2。2015—2019 年，全省湿地生态系统面积总体呈缓慢下降趋势（图 2-22）。各设区市中，苏州市湿地生态系统面积最大，达 3 395.6 km^2，境内主要分布有太湖、阳澄湖等大型湖泊；淮安市湿地生态系统面积次之，为 2 345.1 km^2，境内主要分布有洪泽湖、京杭大运河等重要湖泊和河流；徐州、常州、连云港、镇江等 4 市湿地生态系统面积均小于 1 000 km^2，其中镇江市面积最小，为 422.5 km^2；全省只有南通、连云港和盐城 3 市境内有滩涂地带，面积分别为 112.7 km^2、10.0 km^2 和 445.5 km^2；南通市境内还包括 43.8 km^2 的近海海域（图 2-23）。

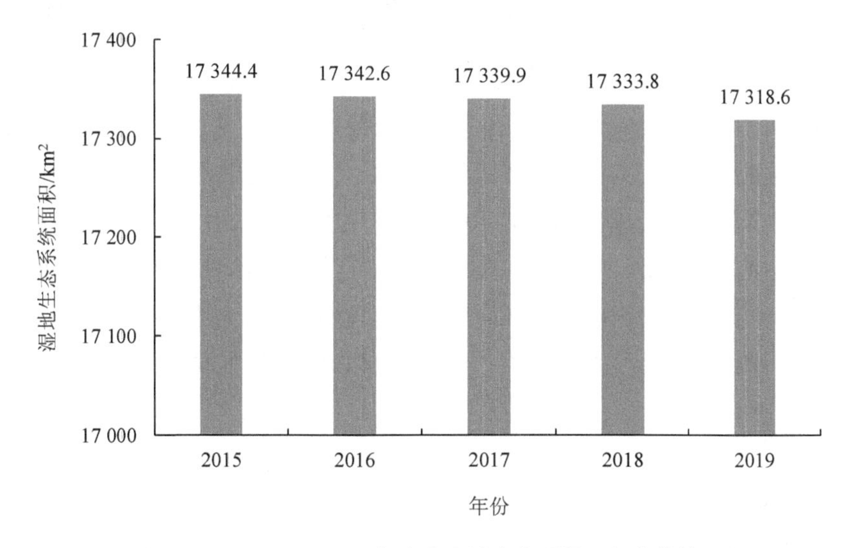

图 2-22　2015—2019 年全省湿地生态系统面积变化情况

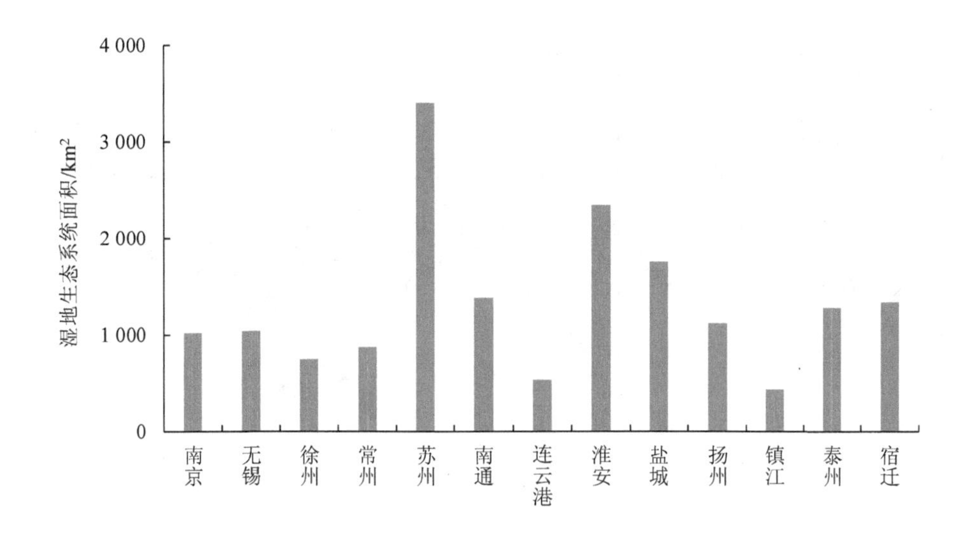

图 2-23　2019 年地级市湿地生态系统面积

2.3 生态环境保护问题识别

江苏人口密度在全国省（区）中最大，规模以上工业企业数量全国最多，人均环境容量全国最小；全省环境承载能力与产业发展矛盾突出，还没有迈过环境高污染、高风险的阶段，保生态与稳增长之间的矛盾较大，环境质量与国家部署要求、长三角一体化发展要求及群众期盼还有相当大的差距。

2.3.1 结构调轻调优的要求与现状仍然偏重之间的矛盾依然突出

全省“重化型”产业结构、“煤炭型”能源结构、“开发密集型”空间结构尚未改变，环境容量“超载”、生态成本“透支”的局面尚未根本扭转。从产业结构来看，2018 年，规上工业企业约 4.5 万家，重工业企业占比达 62%，粗钢、生铁和水泥产量均居全国前二，农药原药、染料产量均占全国总产量的 40%以上。化学原料和化学制品制造业、黑色金属冶炼及压延加工业、纺织业、非金属矿物制品业、有色金属冶炼和压延加工业、医药制造业等行业主营业收入累计占比超过 30%，其中化学原料和化学制品制造业、黑色金属冶炼及压延加工业、纺织业分别占比 10.11%、7.27%、4.08%（图 2-24）。

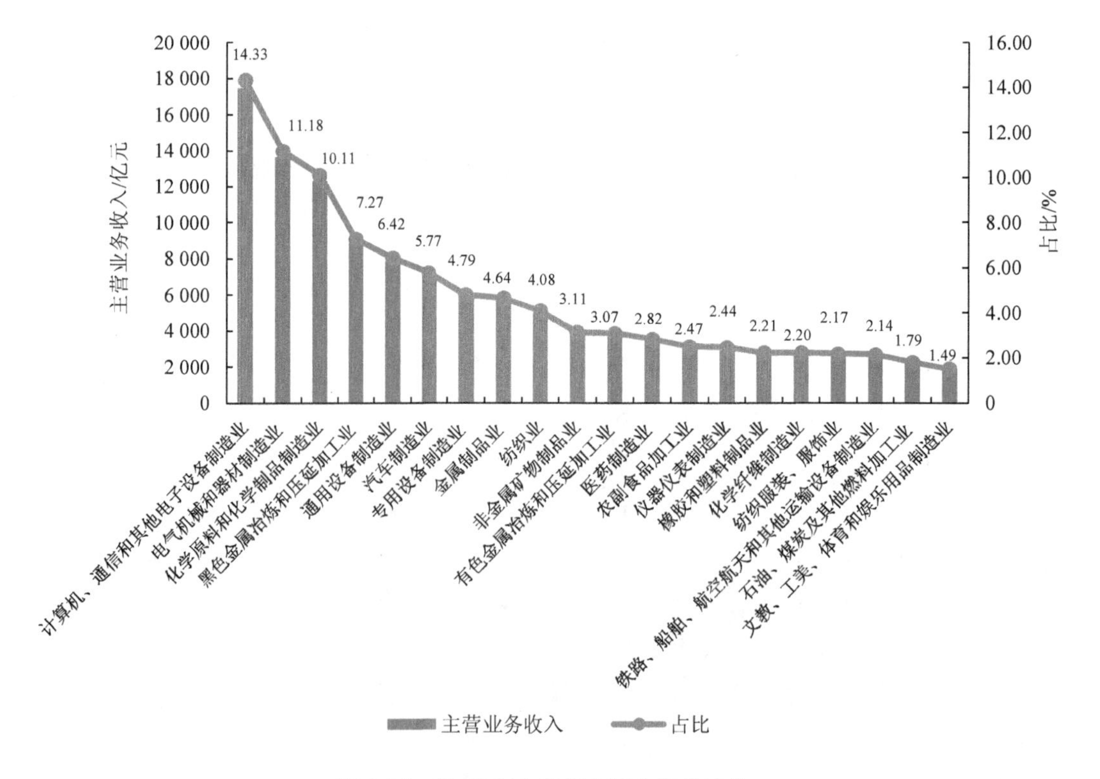

图 2-24 2018 年全省规上工业行业结构

从资源能源消耗来看，2018 年，煤炭消费总量居全国前列，单位国土面积耗煤量是全国平均水平的 6 倍。一次能源消费总量中，非化石能源占比仅为 11%，低于全国平均水平（15%）；煤炭消费占比仍处于高位（56%），高于上海（28.21%）、浙江（49.14%）两地。单位 GDP 能耗与上海、浙江、广东基本持平（图 2-25），单位 GDP 水耗为上海的 2 倍、浙江的 2.1 倍、广东的 1.46 倍（图 2-26）。燃煤发电量占发电总量的比重达 65%，高于全国平均水平 3 个百分点。

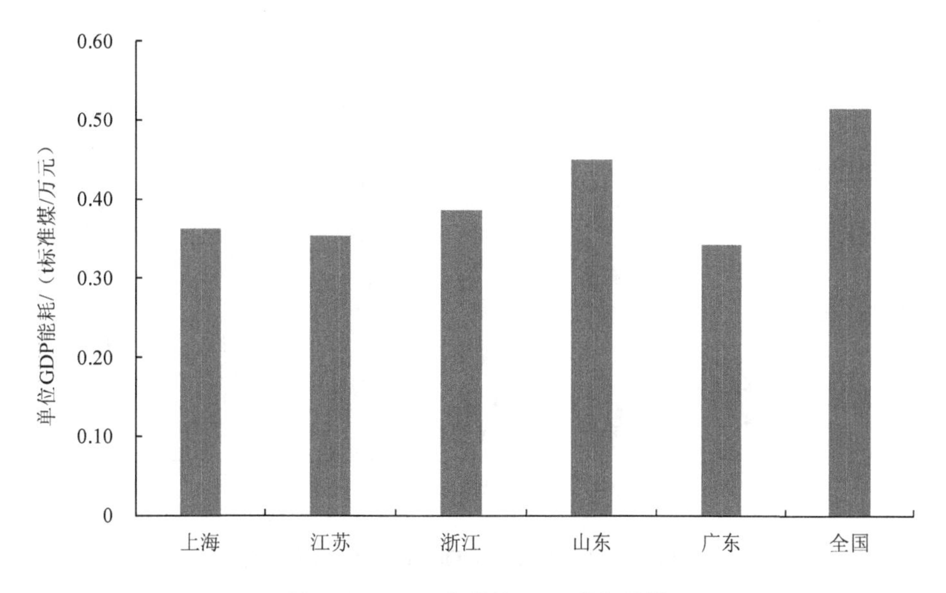

图 2-25　2018 年单位 GDP 能耗比较

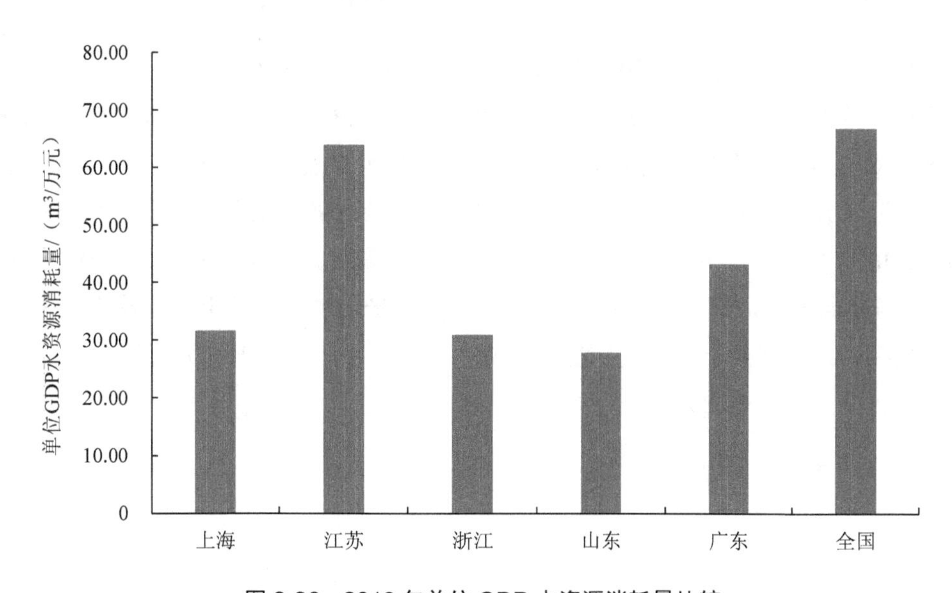

图 2-26　2018 年单位 GDP 水资源消耗量比较

从土地利用来看，2018 年，土地开发强度居全国各省（区）之首，苏南部分地区土地开发强度高达 28%，接近国际公认的开发强度临界点（30%）。土地节约集约利用水平有待进一步提高，单位 GDP 建设用地面积为上海的 2.65 倍、浙江的 1.07 倍、广东的 1.17 倍（图 2-27）。

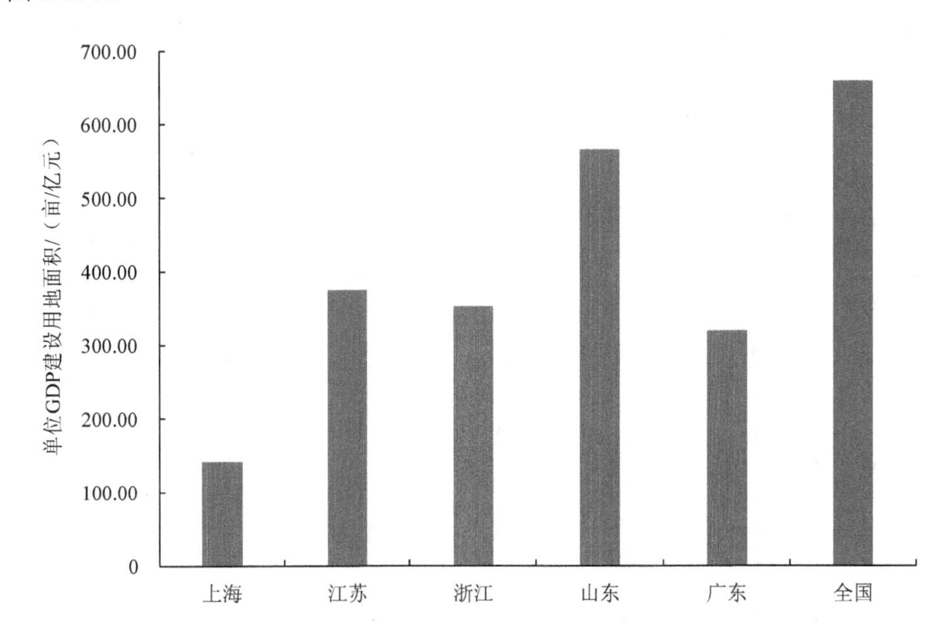

图 2-27 2018 年单位 GDP 建设用地面积比较

2.3.2 环境容量偏小和污染排放强度过大之间的矛盾依然突出

从大气环境质量来看，2020 年江苏省 $PM_{2.5}$ 年均浓度不仅与浙江（25μg/m^3）、广东（22 μg/m^3）等经济发达省份差距较大（2020 年分别比浙江、广东、上海高 13 μg/m^3、16 μg/m^3、6 μg/m^3），且 2019 年被北京赶超（从 2017 年的低于北京 9 μg/m^3 变化到高于北京 1 μg/m^3）。2016—2018 年江苏省 O_3 日最大 8 小时平均第 90 百分位浓度分别为 165 μg/m^3、177 μg/m^3 和 177 μg/m^3，O_3 为首要污染物的天数占比明显上升。从水环境质量来看，2020 年江苏省国考断面水质优Ⅲ比例（86.5%）略高于全国平均水平（83.4%），较长三角地区平均水平（93.1%）低 6.6 个百分点，较浙江（98.1%）、上海（100%）分别低 11.6 个百分点和 13.5 个百分点（图 2-28）。

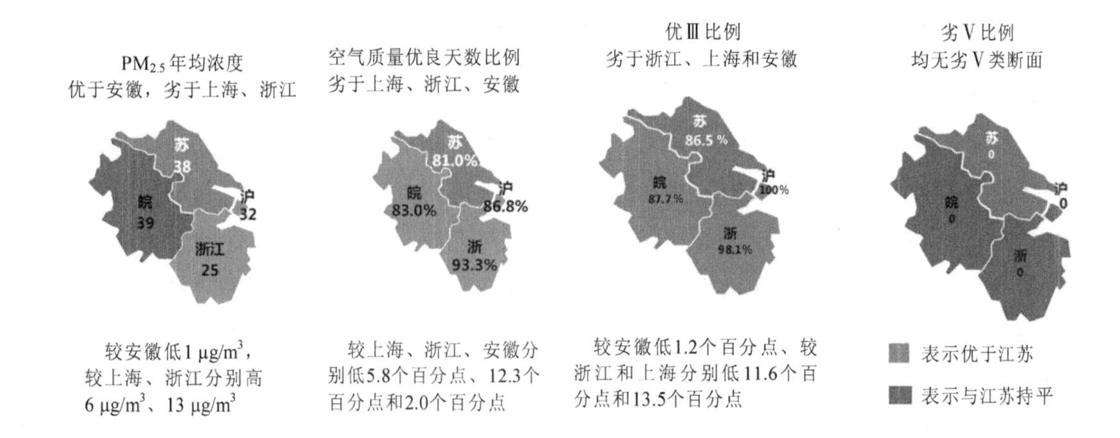

图 2-28　2020 年长三角地区环境质量比较

从污染排放来看，全省每年排放的工业和生活废水超过 60 亿 t，单位国土面积主要污染物排放强度是全国平均水平的 4～5 倍。废气、烟粉尘等排放量居全国前列，在长三角三省一市中最大。2018 年，江苏省单位 GDP SO_2、NO_x、烟粉尘排放量分别为浙江省的 1.31 倍、1.27 倍、1.55 倍，为广东省的 1.56 倍、1.15 倍、1.57 倍（图 2-29）。环境容量超载、生态成本透支成为高质量发展的重大瓶颈，在这种经济结构背景下，同时还要加快推动经济持续稳定增长，改善环境质量任务更加繁重。

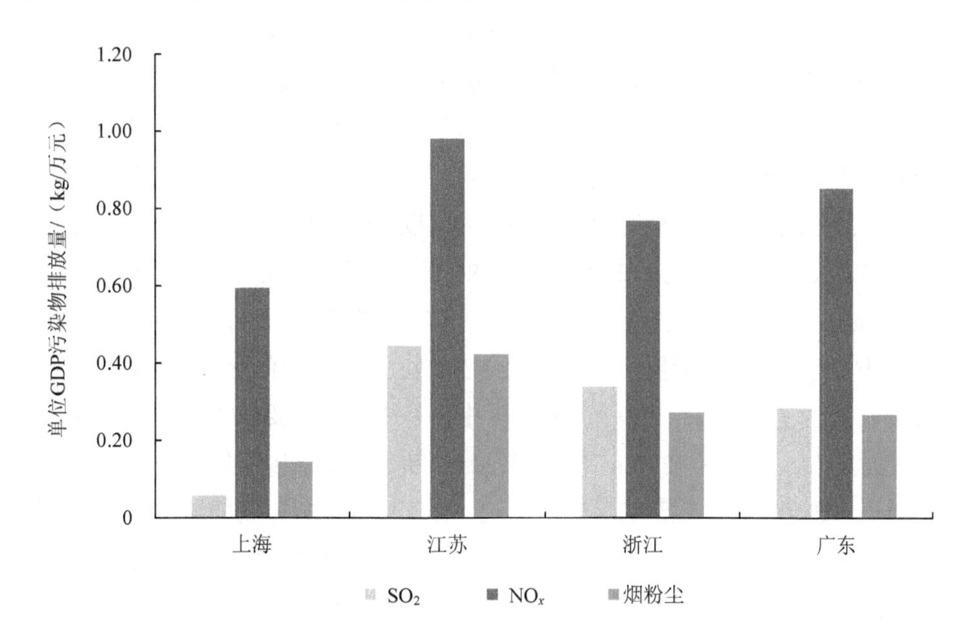

图 2-29　2018 年单位 GDP 污染物排放量比较

2.3.3 环境风险隐患居高不下与守住环境安全底线要求的矛盾仍较突出

环境风险企业面广量大，全省重点环境风险企业近 5 000 家，数量居全国前列，不少企业沿江、濒海、环湖或位于敏感区域，存在区域性、布局性、结构性隐患。水源安全存在隐忧，全省 80%的饮用水来自长江，而长江江苏段每天有近 500 艘危险货物船舶在江上活动，每年危险化学品运输量达 1.21 亿 t，这些都大大增加了水环境污染的风险。同时 16.4%的饮用水来自太湖，而太湖水质仍未根本好转，存在蓝藻大规模暴发风险，威胁群众饮用水安全。化工污染仍是心腹大患，目前全省化工生产企业超过 4 200 家，“化工围江”现象还比较突出，沿江 1 km 范围内仍有化工生产企业 193 家。部分化工园区规模小、产业关联度低、环保基础设施不完善、安全环保风险突出；部分化工企业是其他地区转移过来的淘汰项目，不仅工艺落后、附加值低，还会造成严重污染。

2.3.4 现代化治理体系和治理能力建设仍存在突出短板

现代化的生态环境治理体系仍未形成。绿色发展法治和标准体系仍不健全。绿色发展考核“指挥棒”的作用未能有效发挥，“环境质量只能变好，不能变差”的刚性约束未能充分体现。企业违法成本低、守法成本高现象普遍存在，环境执法的规范化、精准性有待提升，贯穿产业准入、绿色产业链和供应链全过程的绿色标准体系仍未形成。环境执法监管能力不足。江苏省仅工业污染源就有约 25.5 万家（不含农业污染源、生活污染源等），约占全国总数（247.5 万家）的 10.3%，平均每两人要监管 170 家企业，执法强度是全国平均水平的 2.4 倍。乡镇环保机构不健全，基层执法力量亟待加强。

虽然江苏的环境基础设施建设取得长足进步，但由于治理需求较大，历史欠账较多，污染防治能力仍捉襟见肘。污染物收集能力不足，部分城市城镇生活污水集中收集率仅为六成左右，雨污分流不到位、截污纳管不彻底的问题比较突出。全省省级及以上工业园区有 158 个（国家级 46 个、省级 112 个），园区内涉水企业约 2.6 万家，每天排放污水约 237 万 t，但接近 1/3 的入园企业没有预处理设施，一些企业预处理设施运行不正常，个别企业私设暗管违法排污。污染物处置能力不足。全省农村生活污水治理农户覆盖率只有 30%，而浙江的覆盖率已超过 92%。158 个工业园区中，有 115 个主要依托城镇生活污水处理厂集中处理工业废水，占比达 72.8%，极易引发出水超标。危险废物集中处置区域不平衡、结构不平衡等问题仍突出，生活垃圾焚烧飞灰、化工废盐等危险废物缺乏经济、可靠的处置技术，贮存量较大。清洁能源供应能力不足，158 个工业园区煤炭消费比重高达 77%，天然气消费比重仅为 12%。经测算，随着减煤、锅炉整治任务的落实，需增加天然气用量约 13.8 亿 m^3，但现实中无论是储气罐、供气管网等配套设施建设，还是清洁能源组织落实，都需要一个过程。

第 3 章　江苏省生态文明治理体系与治理能力建设实践探索

作为全国人口密度最大、人均资源最少、人均环境容量最小的省，江苏拥有着全国规模最大的制造业集群。如何实现高质量发展与高水平保护协同推进？江苏在生态环境治理体系和治理能力现代化建设方面一直不断探索，以制度创新为关键，以能力建设为基础，系统谋划，集成推进，在部分关键领域和环节上取得突破，生态环境治理体系和治理能力现代化建设取得积极进展，探索形成了一批可复制、可推广的做法，为国家层面提供了生态环境治理的“江苏经验”。

3.1　生态文明治理体系与治理能力现代化建设进程

早在 2018 年 10 月，江苏省就着手谋划推进生态环境治理体系和治理能力现代化工作。2019 年 3 月，在江苏省委、省政府的推动下，生态环境部和江苏省政府签订了《部省共建生态环境治理体系和治理能力现代化试点省合作框架协议》，江苏成为全国唯一的生态环境治理体系和治理能力现代化试点省。合作内容包括共同完善生态环境监管体系、共同完善生态环境政策体系、共同健全生态环境法治体系、共同构建生态环境社会行动体系、共同推进生态环境管理制度改革及共同推进生态环境治理能力现代化建设六大关键领域。力争经过 3～5 年努力，江苏省生态环境监管、法治、经济政策、改革创新走在全国前列，成为全国最严格制度、最严密法治、高水平生态环境保护的示范区，突出环境问题系统治理的标杆区，生态环境损害赔偿制度实践的引领区，为全国生态环境治理体系和治理能力现代化建设积累经验、提供示范。为有序推进合作框架协议各项工作落实，成立省生态环境厅治理体系和治理能力现代化建设专项工作组，制定年度共建生态环境治理体系和治理能力现代化试点省合作任务清单。2020 年 7 月，江苏省委办公厅、省政府办公厅印发《关于推进生态环境治理体系和治理能力现代化的实施意见》，对健全“七大体系”（领导责任体系、企业责任体系、全民行动体系、法律法规政策体系、监管体系、信用体系、市场体系）、提升“七种能力”（环境基础设施支撑能力、防范和化解环境风险能力、清洁能源保障能力、生态环境监测监控能力、生态环境科研能力、基层基础能力、服务高质量发展能力）进行系统设计，明确了生态环境治理现代化的“江苏路径”。

围绕“七大治理体系和七大治理能力”框架体系，2018年以来，江苏累计出台117项生态环境政策，其中102项是为落实国家工作要求制定的政策举措，15项为地方自主开展的政策举措。在排污单位全过程监控管理、执法规范化和智慧化监管、安全环保联动机制、督查监察等方面形成了一批生态环境保护改革示范，推动解决了一批历史积存、长期困扰的突出问题，全省生态环境质量达到21世纪以来最高水平，公众对生态环境满意率逐年提升。

2018年以来江苏省生态环境治理政策清单见表3-1。

表3-1　2018年以来江苏省生态环境治理政策清单

政策体系	领域	序号	政策名称	自主开展政策
领导责任体系	工作推进机制	1	《江苏省生态环境保护责任清单》	
	考核和责任追究	2	《江苏省党政领导干部生态环境损害责任追究工作规程》	
		3	《江苏省领导干部自然资源资产离任审计办法（试行）》	
		4	《关于积极推进生态环境损害赔偿制度改革的通知》（苏环办〔2019〕187号）	
		5	《关于落实〈关于推进生态环境损害赔偿制度改革若干具体问题的意见〉的通知》（苏环办〔2020〕346号）	
	环保督察	6	《江苏省生态环境保护督察工作规定》（苏办〔2020〕5号）	√
		7	《江苏省生态环境厅生态环境保护监察管理办法（试行）》（苏环办〔2020〕22号）	
		8	《关于印发〈江苏省生态环境保护工作约谈办法〉的通知》（苏环督察办〔2021〕12号）	
企业主体责任体系	治污能力建设	9	《关于进一步加强排污单位自行监测质量管理的通知》（苏环规〔2019〕93号）	
		10	《关于做好重点排污企业及工业园区实时在线监控系统建设工作的通知》（苏环规〔2019〕283号）	
		11	《关于进一步做好重点排污单位自动监测管理工作的通知》（苏环办〔2019〕348号）	
		12	《江苏省污染源自动监控设施社会化运行管理暂行办法》	
		13	《企业（污染源）全过程环境管理规范（试行）》（苏环办〔2020〕199号）	√

政策体系	领域	序号	政策名称	自主开展政策
企业主体责任体系	产业绿色化	14	《江苏省钢铁企业超低排放改造实施方案》（苏大气办〔2018〕13号）	
		15	《关于进一步加强和规范省级生态工业园区建设工作的通知》（苏环办〔2018〕389号）	
		16	《关于支持生猪生产推动绿色养殖的通知》（苏环办〔2019〕299号）	
		17	《江苏省重点行业和重点设施超低排放改造（深度治理）工作方案》（苏大气办〔2021〕4号）	
	环保设施开放	18	《关于在全省全面开展环保设施和城市污水垃圾处理设施向公众开放工作的通知》（苏环办〔2018〕448号）	
全民行动体系	社会监督	19	《江苏省保护和奖励生态环境违法行为举报人的若干规定（试行）》（苏环办〔2018〕522号）	
		20	《关于完善环境信访投诉工作机制推进解决群众身边突出生态环境问题的通知》（苏环办〔2019〕414号）	
	社会团体积极性	21	《江苏省公职人员低碳生活手册》	
	公众环保素养	22	《江苏生态文明20条》	√
		23	《江苏省环保系统新媒体矩阵管理细则（试行）》（苏环办〔2018〕200号）	
法律法规政策体系	地方立法	24	《江苏省大气污染防治条例》（2018年修正）	
		25	《江苏省挥发性有机物污染防治管理办法》（省政府令　第119号）	√
		26	《江苏省机动车排气污染防治条例》（2019年修正）	
		27	《江苏省长江水污染防治条例》（2018年修订）	
		28	《江苏省太湖水污染防治条例》（2018年修订）	
		29	《江苏省通榆河水污染防治条例》（2018年修正）	
		30	《江苏省海洋环境保护条例》（2016年修正）	
		31	《江苏省水污染防治条例》	
		32	《江苏省生态环境监测条例》	
	地方标准	33	《江苏省生态环境标准体系建设实施方案（2018—2022年）》（苏政办发〔2019〕26号）	√
监管体系	执法监管	34	《重点环境问题联合调查处理办法（试行）》（苏环办〔2018〕185号）	
		35	《关于加强建设项目环境影响评价区域限批管理的通知》（苏环办〔2018〕205号）	
		36	《江苏省建设项目环评告知承诺制审批改革试点工作实施方案》（苏环办〔2020〕155号）	

政策体系	领域	序号	政策名称	自主开展政策
监管体系	执法监管	37	《关于进一步加强建设项目环评审批和服务工作的指导意见》（苏环办〔2020〕226号）	
		38	《关于进一步加强产业园区规划环境影响评价的通知》（苏环办〔2020〕244号）	
		39	《江苏省“三线一单”生态环境分区管控方案》（苏环办〔2020〕359号）	
		40	《关于进一步加强移动执法系统与应用工作的通知》（苏环办〔2018〕447号）	
		41	《关于进一步规范生态环境执法工作的通知》（苏环办〔2019〕292号）	
		42	《江苏省生态环境部门行政败诉案件过错责任追究办法（试行）》（苏环办〔2019〕320号）	√
		43	《江苏省生态环境锦囊式暗访执法督察办法（试行）》（苏环办〔2019〕339号）	√
		44	《江苏省生态环境行政处罚裁量基准规定》（苏环规〔2020〕1号）	
		45	《江苏省生态环境部门执法记录仪配备使用规定》（苏环办〔2020〕2号）	
		46	《江苏省重点排污单位自动监测数据执法应用规定（试行）》（苏环规〔2020〕2号）	
		47	《生态环境监管执法发现的安全问题线索移送办法（试行）》（苏环办〔2020〕7号）	
		48	《关于在生态环境监督管理过程中加强企业产权保护的意见》（苏环办〔2020〕97号）	√
		49	《依法严厉查处环境违法大案要案工作方案》（苏环办〔2020〕112号）	
		50	《贯彻落实〈关于生态环境保护综合行政执法改革的实施意见〉工作方案》（苏环办〔2020〕166号）	
		51	《江苏省生态环境保护综合行政执法制式服装和标志管理规定（试行）》（苏环办〔2021〕211号）	
		52	《关于进一步规范行政处罚程序的通知》（苏环办〔2021〕224号）	
		53	《江苏省生态环境行政执法与刑事司法衔接工作细则（试行）的通知》（苏环办〔2020〕77号）	
	排污许可管理	54	《关于进一步加强排污许可证核发和证后监管工作的通知》（苏环办〔2018〕400号）	
		55	《江苏省环评与排污许可监管行动计划（2021—2023）》（苏环办〔2020〕390号）	

政策体系	领域	序号	政策名称	自主开展政策
监管体系	排污许可管理	56	《关于加快推进排污许可政务服务“跨省通办”事项的通知》（苏环办〔2021〕82号）	
		57	《关于加强涉变动项目环评与排污许可管理衔接的通知》（苏环办〔2021〕122号）	
		58	《关于将排污单位活性炭使用更换纳入排污许可管理的通知》（苏环办〔2021〕219号）	√
信用体系	企事业单位信用建设	59	《关于进一步做好企业环保信用修复工作的通知》（苏环办〔2018〕189号）	
		60	《江苏省企业环保信任保护原则实施意见（试行）》（苏环规〔2018〕527号）	
		61	《对江苏省环境保护领域失信生产经营单位及其有关人员开展联合惩戒合作备忘录》（苏环办〔2018〕124号）	
		62	《江苏省企事业环保信用评价办法》（苏环规〔2019〕5号）	
		63	《关于进一步做好企业环保信用评价管理工作的通知》（苏环办〔2019〕196号）	
市场体系	财税政策	64	《关于推进跨区域生态补偿工作的通知》（苏环办〔2018〕362号）	
		65	《省政府关于调整与污染物排放总量挂钩财政政策的通知》（苏政发〔2019〕2号）	
		66	《太湖流域水环境综合治理专项资金项目投资指南（2019年本）》（苏环办〔2019〕107号）	
		67	《关于进一步加强中央土壤污染防治专项资金项目管理的通知》（苏政发〔2021〕42号）	
	金融政策	68	《关于深入推进绿色金融服务生态环境高质量发展的实施意见》（苏环办〔2018〕413号）	√
		69	《江苏省绿色债券贴息政策实施细则（试行）》	
		70	《江苏省环境污染责任保险保费补贴政策实施细则（试行）》	
		71	《江苏省绿色担保奖补政策实施细则（试行）》	
		72	《江苏省绿色产业企业发行上市奖励政策实施细则（试行）》	
		73	《江苏省排污权抵押贷款管理办法（试行）》	
	多元化治理模式	74	《江苏省生态环境社会化第三方服务机构监督管理暂行办法》（苏环规〔2019〕1号）	
			《江苏省生态环境社会化第三方服务机构监督管理暂行办法（修订）》（苏环规〔2019〕3号）	

政策体系	领域	序号	政策名称	自主开展政策
市场体系	多元化治理模式	75	《江苏省产业园区生态环境政策集成改革试点方案》（苏环办〔2019〕410号）	√
	价格机制	76	《关于完善根据环保信用评价结果实行差别化价格政策的通知》（苏发改工价发〔2019〕474号）	
		77	《关于完善差别化电价政策促进绿色发展的通知》（苏发改价格发〔2019〕846号）	
治理能力	环境基础设施支撑能力	78	《全省环保基础设施达标整治专项行动方案》（苏环办〔2018〕283号）	
		79	《省政府办公厅关于印发〈江苏省环境基础设施三年建设方案（2018—2020年）〉的通知》（苏政办发〔2019〕25号）	
		80	《关于加快推进太湖地区重点行业及工业园区污水处理厂提标改造工作的通知》（苏环办〔2019〕108号）	
		81	《关于进一步做好省级及以上工业园区污水处理设施专项整治工作的通知》（苏环办〔2020〕154号）	
		82	《关于进一步加强污染防治设施隐患排查工作的通知》（苏环办〔2020〕255号）	
	防范和化解风险能力	83	《江苏省危险废物集中处置能力建设方案》	
		84	《江苏省危险废物集中收集贮存试点工作方案》（苏政办发〔2019〕390号）	
		85	《江苏省铅蓄电池生产企业集中收集和跨区域转运制度试点工作实施方案》（苏环办〔2019〕145号）	
		86	《江苏省危险废物贮存规范化管理专项整治行动方案》（苏环办〔2019〕149号）	
		87	《关于进一步加强全省废弃电器电子产品拆解处理监督管理工作的通知》（苏环办〔2019〕365号）	
		88	《关于推进废弃危险化学品等危险废物监管联动工作的通知》（苏环办〔2020〕156号）	
		89	《关于做好长江经济带化工园区一般工业固废、危险废物利用处置和储存规范化工作的通知》（苏环办〔2020〕280号）	
		90	《关于进一步加强危险废物环境管理工作的通知》（苏环办〔2021〕207号）	
		91	《关于开展全省突发环境事件应急预案电子化备案管理工作的通知》（苏环办〔2018〕279号）	

政策体系	领域	序号	政策名称	自主开展政策
治理能力	防范和化解风险能力	92	《关于推进生态环境保护与安全生产联动工作的通知》（苏环办〔2019〕406号）	
		93	《江苏省太湖蓝藻暴发应急预案》（苏政办函〔2020〕36号）	
		94	《江苏省突发环境事件应急预案》（苏政办函〔2020〕37号）	
		95	《关于加强突发性水污染事件应急防范体系建设的通知》（苏政办函〔2021〕42号）	
	生态环境监测监控能力	96	《江苏省生态环境监测监控系统三年建设规划（2018—2020）》（苏政办发〔2019〕27号）	
		97	《江苏省生态环境遥感监测试点工作》（苏环办〔2019〕115号）	√
		98	《江苏省乡镇（街道）空气质量监测网络建设指导意见》（苏环办〔2019〕215号）	
		99	《关于进一步加快推进大气秋冬攻坚企业用电监控系统建设的通知》（苏环办〔2019〕337号）	
		100	《江苏省机动车遥感监测系统建设及运行管理技术要求（试行）》（苏环办〔2020〕302号）	
		101	《关于加快推进我省长江经济带水质自动监测能力建设工作的通知》（苏环办〔2019〕224号）	
		102	《长江（含太湖）入河排污口水环境自动监测监控建设方案》（苏环办〔2019〕338号）	
		103	《关于进一步做好全省水环境质量监测预警工作的通知》（苏环办〔2020〕245号）	
		104	《关于做好全省500吨及以上污水集中处理设施自动监测设备联网工作的通知》（苏环办〔2021〕132号）	
		105	《关于加强江苏省设区市生态环境监测监控工作的意见》（苏环办〔2021〕21号）	
		106	《关于进一步加强全省环境质量监测站点人为干扰防范与惩治工作》（苏环发〔2021〕2号）	
		107	《江苏省深化环境监测改革提高环境监测数据质量工作实施方案》（苏办〔2018〕17号）	
		108	《关于运用5G等新技术加强生态环境保护的工作方案》（苏环办〔2020〕332号）	
		109	《全省省级及以上工业园区（集中区）监测监控能力建设方案》（苏环办〔2021〕144号）	

政策体系	领域	序号	政策名称	自主开展政策
治理能力	服务高质量发展能力	110	《全省环保系统服务高质量发展的若干措施》（苏环办〔2018〕317号）	√
		111	《关于建立全省环保系统“企业环保接待日”制度的通知》（苏环办〔2018〕406号）	√
		112	《江苏省秋冬季错峰生产及重污染天气应急管控停限产豁免管理办法（试行）》（苏大气办〔2018〕9号）	
			《关于修订江苏省秋冬季错峰生产及重污染天气应急管控停限产豁免管理办法（试行）的通知》（苏大气办〔2019〕1号）	
		113	《关于做好利用公共网络平台免费为企业发布治理需求有关工作的通知》（苏环办〔2018〕466号）	
		114	《关于应对疫情影响支持企业复工复产若干措施的通知》（苏环办〔2020〕52号）	
		115	《搭建“绿桥”服务外资高质量发展工作措施》（苏环办〔2020〕378号）	√
		116	《关于服务台企绿色高质量发展的若干措施》（苏环办〔2020〕349号）	
		117	《江苏省重污染天气应急管控企业培育方案》（苏大气办〔2021〕3号）	

3.2 领导责任体系不断夯实

3.2.1 明确生态环境保护责任

2020年，中央办公厅、国务院办公厅印发《中央和国家机关有关部门生态环境保护责任清单》（以下简称中办、国办《责任清单》）。为落实生态环境保护责任，江苏省根据生态环境保护法律法规，立足实际，在中办、国办《责任清单》的基础上做了进一步细化和补充，出台《江苏省生态环境保护责任清单》（以下简称江苏省《责任清单》）。

江苏省《责任清单》主要具有以下特点：

1）强化政治责任担当。党中央高度重视生态文明建设，实行中央生态环境保护督察制度，探索生态环境损害赔偿制度改革，构建现代环境治理体系。江苏省《责任清单》是落实各项制度的基础，要求各级党委、政府及有关部门切实履行“党政同责”“一岗双责”，坚决扛起生态文明建设政治责任，打好打赢污染防治攻坚战，强调各级党委、政府和有关部门要以更高的政治站位、更强的责任担当、更有力的实际行动，从严落实江苏省《责任清单》，切实抓好生态环境保护工作。

2）责任划分全面精准。江苏省《责任清单》分六大部分。第一部分为 8 个省委部门生态环境保护责任；第二部分为 2 个省人大常委会部门生态环境保护责任；第三部分为省政府 30 个有关部门生态环境保护责任；第四部分为省人民法院、检察院生态环境保护责任；第五部分为中央驻苏有关单位生态环境保护责任；第六部分为工作要求。涵盖了党委、政府共 53 个部门在行政决策、行业管理、监管执法等方面需要履行的生态环境保护责任，更加符合各级党委、政府及有关部门“三定”方案和相关的法律法规、政策规定。

3）分工更加符合地方实际。江苏省《责任清单》在中办、国办《责任清单》的基础上做了进一步细化和补充，增加了住房和城乡建设部门指导和监督建筑工程全面使用低 VOCs 含量涂料及胶黏剂的工作；交通运输厅需加强汽车排放检验与维护的监督管理；农业农村部门支持向农民和农业生产经营组织推广先进适用农业机械产品；市场监督管理部门对纳入强制检定管理的环境监测类计量器具实施检定，加强车用燃料、涂料、胶黏剂等产品质量监督等。

4）强化司法裁判和公益检察监督责任。生态环境保护责任清单的落实，是各级党委、政府和有关部门的具体行政行为，也离不开因生态环境侵权行为引发的民事侵权赔偿、公益诉讼等案件的司法裁判。江苏省《责任清单》在第四部分规定了人民法院的生态环境保护责任，除了具有审理环境资源类刑事案件、民事案件、行政案件和公益诉讼案件的职责外，还明确了受理环境资源保护非诉执行案件，对可能造成重大环境污染后果或严重侵害人民群众合法环境权益的案件，根据生态环境部门或其他负有生态环境保护监管职责部门的申请，依法决定是否采取保全措施或建议相关部门依法采取行政措施，及时制止环境违法行为等责任。第四部分还强调了环境公益检察保护，支持、督促有关社会组织对损害生态环境行为提起公益诉讼，推动完善检察公益诉讼与政府提起生态环境损害诉讼制度的衔接机制。

江苏省《责任清单》的印发实施，进一步厘清了省党委和政府及有关部门和单位生态环境保护责任边界，有效避免了责任多头、责任真空、责任模糊等现象出现，确保履责有依据、监督有抓手、追责有方向，有利于推动形成条块分明、各司其职、协作配合的生态环境工作新格局，对加快构建“党委领导、政府主导、企业主体、社会组织和公众共同参与”的现代环境治理体系具有重要意义。

专栏 3-1 无锡市江阴市“蜗牛警示牌”制度

为切实解决污染防治攻坚战“不作为、慢作为、不担当”问题，无锡市政府常务会议讨论通过并印发了《江阴市 2021 年度污染防治攻坚战“蜗牛警示牌”认定办法》，通过每月发布“蜗牛警示牌预警”，每季认定“蜗牛警示牌”单位，倒逼各单位以更快的速度、更实的举措、更好的效果深入打好污染防治攻坚战，让全市的生态环境治理明显改善。主要做法包括：

（1）成立“蜗牛警示牌”认定小组。由江阴市政府分管领导任认定小组组长，江阴市生态环境局局长任认定小组副组长，市打好污染防治攻坚战指挥部办公室专职副主任任副组长。成员单位包括市纪委监委、市委办公室、市政府办公室、市委组织部、市生态环境局、市打好污染防治攻坚战指挥部办公室等。

（2）实施“蜗牛警示牌”月度预警。对各镇街和开发区环境质量改善慢、考核指标月度超标以及各责任单位治理工程（项目）建设进度慢、环境问题整改速度慢和成效低的，对照预警条款，给予“蜗牛警示牌”月度预警，由市攻坚办每月进行通报发布。

（3）实施“蜗牛警示牌”季度认定。认定小组对各镇街、开发区、市级机关各相关部门的月度预警和自评自警情况进行核实，对照预警情况和认定条款，提出颁发污染防治攻坚战“蜗牛警示牌”建议名单，报市政府常务会议讨论，通过后由市打好污染防治攻坚战指挥部办公室颁发。

（4）“蜗牛警示牌”结果运用。生态环境局会同纪委监委和组织部制定结果运用办法，认定结果与高质量考核挂钩，明确由市委、市政府领导实施约谈，对于认定的镇街实施收取惩罚金、暂停生态环境类荣誉表彰推进等措施，情节严重的报请纪委监委实施责任追究。

（5）“蜗牛警示牌”后续管理。被给予污染防治攻坚战“蜗牛警示牌”的单位，需制定整改方案书面报市打好污染防治攻坚战指挥部办公室，落实整改进度每月报告制度。连续 3 个月没有认定条款规定情形、全面完成所涉认定事项销号的，可书面上报收回“蜗牛警示牌”申请报告，经认定小组审核，报市政府常务会议讨论确认后收回。

3.2.2 督查监察

江苏省地方性环保督查工作始于 2008 年，在“省管县”的环境管理体制推进过程中，为提升区域环境监管能力，提高监管效能，组建了省环保厅苏南、苏中、苏北三个环境保护督查中心。采取约谈、督查通报、召开区域环保协调会等多种形式开展环保督查。由于中心具有超脱地方利益之外的独立性，可以在少受、不受地方干预的情况下，督促地方政府和环保部门履行其环保责任，有效实施了市与市之间局部跨界地域监管。

为进一步严格落实环境保护责任，更大力度推进全省生态文明建设和环境保护工作，2017年出台《江苏省环境保护督察方案（试行）》。省委、省政府成立省环境保护督察工作领导小组，明确由分管副省长任组长，省政府分管秘书长和省环境保护厅厅长任副组长，成员包括省政府办公厅、省委组织部、省委宣传部、省司法厅、省环境保护厅、省审计厅、省检察院等部门，统筹推进省级环保督察工作。于2017年7月、9月，2018年5月和2019年5月分别开展省级环保督察，实现全省13个设区市督察“全覆盖”。各设区市按照督察意见，制定了督察整改报告，并向社会公开。江苏省级生态环境保护督察机制初见雏形。

江苏省又先后出台《关于省环保机构监测监察执法垂直管理制度改革有关机构编制事项的批复》《江苏省环保机构监测监察执法垂直管理制度改革实施方案》《江苏省生态环境厅职能配置、内设机构和人员编制规定》，建立省级环境监察专员制度，实行环境监察专员负责制。省生态环境厅统一行使环境监察职能，配备6名副厅职环境监察专员，设立5个环境监察专员办公室（行政直属机构），核定187个行政编制（含13个处级驻市环境监察专员），协助环境监察专员分别对宁镇扬泰、苏锡常、徐淮宿、通盐连区域和省直部门落实生态环境保护法律法规、履行“党政同责、一岗双责”等情况进行监督检查。由此省环境督察机构和督察体系基本建立。

为进一步规范督察和监察工作程序和要求，2020年，出台《江苏省生态环境保护督察工作规定》，对督察对象、督察内容、督察程序、督察方式等进行了规范，创新提出了8项督察制度。针对中央、省生态环境保护督察整改不力的突出问题、水环境治理、大气环境治理、重点行业及化工园区、省环境基础设施建设情况等开展专项督察。其后，印发《江苏省生态环境厅生态环境保护监察管理办法（试行）》，明确了监察制度、机制，推动构建权责明确、运行高效的生态环境保护监察工作体系；成立厅监察工作领导小组并召开第一次会议，系统谋划推进监察重点工作；出台监察会议制度、工作报告制度，修订约谈办法、例行督察、专项督察和派驻监察工作规程，进一步规范监察工作运行机制。中央环保督察交办问题整改销号制度、环境信访领导包案负责制度、重点信访件联合督查督办制度和群众参与评判制度也逐步完善，标志着江苏现代化省级环保督察在制度层面日益成熟。

3.3　企业责任体系不断健全

3.3.1　企业全过程管理

2020年，江苏省发布地方标准《企业（污染源）全过程环境管理规范（试行）》。标准的制定，一是为了指导企业落实环境保护主体责任，完善企业环境管理机构和制度建设，规范污染防治行为，防范环境风险，加强供应链环境管理，增强企业环境守法信用；二是为了服务企业开展全过程环境管理，落实环境管理标准化、规范化，促进供应链整体环境绩效提升，通过自评价与第三方评估，促进企业持续提高环境管理水平；三是为了推动建立企业内部环境管理长效机制，并通过持续资源投入和能力建设提升环境管理水平，实现企业可持续发展。

该标准包含6章，即适用范围、规范性引用文件、术语和定义、标准制定目的和目标、标准的核心要求、执行应用与保持。在核心要求章节，标准对环保台账与档案管理、环保目标与职责、环保保障机制、法律法规与内部规章、教育培训、程序与许可管理、污染防治管理、污染治理设施建设运行管理、清洁生产与资源综合利用、突发环境事件隐患排查和治理、突发环境事件应急管理、环境信息公开、供应商审核、生产者责任延伸、绩效评定与持续改进共 15 个方面做了明确规定。例如，针对环保台账与档案管理，要求企业建立环保管理台账和档案的管理制度，明确管理的责任部门、人员、流程、形式、权限及保存要求等，确保台账和档案的建立、更新、取用有迹可循。针对环保目标与职责，要求建立环境保护目标管理制度，制订企业环境保护目标实施计划，并结合企业不同管理层级对目标进行分解，明确计划实施的资源、职责、考核方式。同时鼓励企业内部形成环境管理网络，营造自下而上、自上而下全员重视并参与环境管理的良好氛围。针对环保保障机制，要求企业建立环境保护费用提取和使用管理制度，将环境保护投入纳入财务预算，明确环境保护费用支出明细，评估环境保护投入产生的环境效益、经济效益和社会效益。针对污染防治管理，要求企业定期组织环境因素识别和污染排查工作，并明确排查重点及频次，对生产经营各环节排放的污染物进行分析和评估，并分别对废水、废气、噪声、一般工业固体废物、危险废物、辐射、其他污染物给出详细的管理要求。针对生产者责任延伸，鼓励企业环境管理部门与企业设计、生产和销售部门配合，建立产品、副产品、包装物材料的回收利用机制，并向公众告知。在执行应用与保持章节，标准给出企业环境管理标准化建设表现评价表，对核心要求里列出的 15 个方面共 114 条做出评价。标准最后强调企业环境管理标准化建设工作应当采用“策划、实施、检查、改进”的动态循环模式，持续不断地组织开展环境管理标准化建设，确保相关制度措施执行到位、体系运转有效，从而保持企业规范化管理的状态。

该标准为各地生态环境部门探索标准化环境执法，推动环保责任险评价和企业分级管控，建立和完善企业全过程规范化建设管理办法、实施细则等提供了依据。该标准也将为企业开展全过程环境管理、促进企业供应链整体环境绩效及水平的提升，从而实现企业可持续发展提供重要参考和指导。标准的发布标志着江苏省企业全过程环境管理标准化工作取得了新的突破，对积极推进江苏省企业环境管理水平提升具有重要意义。

专栏 3-2　苏州市常熟市全过程环境管理规范化试点

为提高全市企业环境管理水平，构建一流的现代环境管理体系，常熟在全省率先推进重点企业全过程环境管理规范化试点，企业积极响应，板块密切配合。首批包括 45 家参与试点单位成功入选。常熟根据省厅发布的全过程环境管理规范化建设规程，细致策划，系统落实，制定考核计划、考核形式、考核要点、考核程序、考核方法、等级评定等多方面制度，并组织专家培训和深入指导，确保了总体试点工作的规范有序。在验收环节，有 39 家企业通过全过程环境管理规范化建设要求，其中 13 家企业达到环境管理优秀水平，26 家企业达到环境管理规范水平。

常熟市生态环境局要求优秀企业做到提优补短、亮点纷呈，在试点工作中，亮点应做得更亮、更实、更细，也要对照最严格、最全面的标准，发现自己的短板和不足并及时查漏补缺，做到精益求精，优中求优。一般企业全面梳理问题，对照清单逐条落实、立行立改，争取早日进入优秀企业的序列。

除此之外，常熟市生态环境局在官方微信公众号“常熟环保”上开辟专栏，对于达到环境管理优秀水平的试点企业，总结最突出的亮点精心编撰微信文章逐一展示，供其他企业学习和借鉴。同时，在和市应急局、市科协联合推出的“科普 123”活动中，把优秀企业的亮点做成展板，在全市部分企业中巡回展出。

3.3.2　产业绿色化发展

江苏实体经济发达，但钢铁、石化、建材、印染纺织等传统优势产业占全省国民经济比重达 60%～70%，传统产业的绿色化、智能化、数字化、网络化水平还有很大提升空间。江苏结合省情实际，提出把统筹推进传统产业绿色化转型升级作为发展绿色产业的一项重要任务来统筹谋划。通过强化能耗、水耗、环保、安全和技术等标准约束，实施重污染行业达标排放改造工程，完成钢铁行业超低排放改造，促进石化、建材、印染等重点行业清洁生产和园区化发展。推进化工企业全面开展清洁生产，规范化工园区发展，依法依规淘汰环保不达标、安全没保障、技术低端落后的企业和项目，推动化工产业向集中化、大型化、特色化、基地化转变，支持符合条件的化工园区创建国家新型工业化示范基地。严格产能置换，防止新增过剩产能，利用综合标准依法依规淘汰落后产能。实施一批绿色制造示范项目，打造一批具有示范带动作用的绿色工厂和绿色供应链。以“三化一补两提升”为方向，推动一批高水平、大规模技术改造项目，鼓励企业开展智能工厂、数字车间升级改造，探索建立智能制造示范区。

新兴产业代表新一轮科技革命和产业变革方向，具有技术知识密集、成长潜力大、综合效益好的特点，是世界各国抢占经济发展制高点的战略重点，也是产业高质量发展的重要支撑。2020 年，江苏战略性新兴产业、高新技术产业产值占规上工业比重分别达 37.8% 和 46.5%，但与高质量发展要求相比，新兴产业绿色化发展水平仍然需要大幅提升。江苏着力实施绿色循环新兴产业培育工程，不断壮大节能环保、生物技术和新医药、新能源汽车、航空等绿色战略性新兴产业规模，加快培育形成新动能。围绕高效光伏制造、海上风能、生物能源、智能电网、储能、智能汽车等重点领域，培育一批引领绿色产业发展的新能源装备制造领军企业。推进新一代信息技术、现代生命科学和生物技术、新材料等高端产业发展，支持人工智能、虚拟现实、氢能、增材制造、量子通信、生物基可降解材料、区块链等绿色未来产业抢占技术制高点。大力培育环保市场，支持符合条件的地区建设国家级节能环保产业基地。提高 13 个先进制造业集群绿色化水平，形成若干具有较强国际竞争力的世界级先进制造业集群。

园区经济是江苏的亮点和优势，也是绿色产业发展的重要载体。江苏高度重视园区创新转型发展，园区主阵地作用不断增强，“一区一战略产业”导向愈加鲜明，省级以上高新区数量居全国第一，率先实现设区市全覆盖，开发区创造了全省 1/2 的地区生产总值和一般公共预算收入，对全省的经济贡献功不可没。因此，推进园区的绿色化发展也至关重要。江苏推动园区企业循环式生产、产业循环式组合，搭建资源共享、废物处理公共平台，提高能源资源综合利用效率。支持园区探索环境管家、绿色联盟、产业共生、第三方环境服务等创新发展模式，累计建成国家生态工业示范园区 21 个，省级国际合作园区 9 个。鼓励园区采用云计算、大数据、物联网等现代信息技术，打造智慧化园区。支持园区探索功能混合布局和复合开发，加强与周边城区的现代基础设施联系和公共服务设施共享，建设人产城融合示范区。

专栏 3-3　苏州市常熟市传统特色产业高质量发展绿色帮扶行动

为充分化解影响传统特色产业高质量发展的环境制约因素，促进市镇域经济绿色、循环、可持续发展，打造安全环保清新美景，全力支撑美丽常熟建设工作，开展常熟市货架、无纺、模具等传统特色产业高质量发展绿色帮扶行动。行动主要采取以下做法：

（1）帮助开展环境影响分析，提供绿色发展建议。一是结合传统特色产业高质量发展三年行动计划，聚焦特色产业发展需求，协助板块开展传统特色产业高质量发展规划的编制。二是指导相关板块对传统特色产业高质量发展规划开展环境影响评价工作，从产业布局、生产工艺、污染治理等方面提出优化与调整建议。三是帮助规范生态空间管控，对生态空间范围内部新增用地规模、不改变用地性质、不增加污染排放的原有企业职能化、数字化改造项目给予支持。

（2）帮助确立环境准入门槛，推动落后产能淘汰。一是坚持源头治理，制定相关行业准入负面清单，凡负面清单内项目不得新改扩建，鼓励企业加大技术改造和转型升级力度，主动淘汰低端低效产能，推动产业优化升级。二是加强生态环境执法监管，用足用好生态环境法律、法规、标准，依法依规严厉打击“小散乱污”企业和项目，助推传统特色产业中处于经济效益、环境效益尾部的企业逐步淘汰。整体推动产业向资源节约型、环境友好型发展。

（3）帮助优化环境资源配置，支持优质项目落地。以排污许可证为抓手，量化各传统特色产业中相关企业的环境资源，建立“传统特色产业总量池”，开展排污指标总量管理工作，对相关项目所需排污指标给予适当倾斜，板块内无法内部平衡配置的，在全市范围内进行总量调剂，保障项目落地。

（4）帮助建设集中共享设施，解决污染治理难题。按照“集约建设、共享治污”的理念，推动集中共享设施“绿岛”项目的建设，有效化解当前传统特色产业中，地理位置相近、生产工艺和污染物性质相同的大量小规模企业存在的同质产污工段分散、污染物有效收集难度大、环境治理成本高、污染物达标排放不稳定等难题。

（5）帮助提供环境治理技术，提升企业治理水平。一是加大对企业污染防治措施的检查和帮扶，制定不同行业的先进治理技术推荐表，帮助企业在环境治理上用好投资、找准工艺、少走弯路。二是制定企业环境管理要求，帮助企业全面规范提升企业内部经营管理能力和管理水平。三是加强行业性环保培训指导，依托“安全环保联合培训基地”，开展针对传统特色产业相关企业负责人的生态环境主题培训，提高企业绿色发展意识，积极打造各行业环保领跑者和标杆企业，为同行业的其他企业提供示范。

3.3.3　环保设施开放

环保设施和城市污水垃圾处理设施是重要的民生工程，对于改善环境质量具有基础性作用。然而，部分地方垃圾处理、污水处理、危险废物处置等项目出现了明显的“邻避效应”。长期以来，企业习惯在四面高墙之内生产经营，与周边群众“不相往来”，造成企业和社区居民之间的信任缺失，双方缺乏沟通互动的基本能力，难免产生“建哪儿我不管，反正别建我家附近”的“邻避”问题。推倒企业和公众之间的有形与无形之“墙”，打开大门，让公众走进企业，了解环保设施的运行和污染控制状况，用诚意换来理解与信任，是破解“邻避”困境的重要办法，也是环保企业的“分内之事”。开放既是企业绿色发展的“助推器”，也是检验企业绿色转型成效的“试金石”。让污染治理设施在群众监督之下运行，有助于企业进一步增强内在的治理动力和压力，促进企业提高自身的环境管理水平，在未来市场竞争中占得先机、取得优势，促进企业持续健康发展。

2018年，江苏印发《关于在全省全面开展环保设施和城市污水垃圾处理设施向公众开放工作的通知》（苏环办〔2018〕448 号），向社会公开约 40 家设施单位。其中江苏省环境监测中心、南京市环境监测中心站、南京铁北污水处理厂、光大环保能源（南京）有限公司、南京凯燕电子有限公司 5 家单位入选第一批“全国环保设施和城市污水垃圾处理设施向公众开放名单”，公众可以随时预约参观，近距离感知环保。除此之外，江苏还制作“感知环保奥妙 共建绿色家园”系列科普动漫视频，该系列动漫视频由《环境监测知多少》、《生活污水净化之旅》、《垃圾焚烧巧发电》、《电子垃圾安全回家》和《危废处置有妙招》五集组成。在每集 3 分钟左右时间内，江苏环保达人麋鹿“净净”向观众介绍环境监测机构职责、污水处理流程、垃圾焚烧发电原理、废旧电器危害及拆解、危险废物安全处置等方面的专业知识，以“科普+动漫”的形式，把深奥枯燥的环保知识变得浅显易懂、生动有趣。

江苏将环保设施和城市污水垃圾处理设施向公众开放工作作为构建和完善环境治理体系的重要抓手，不断梳理和完善开放流程，确保设施开放工作制度化、规范化、常态化，形成规模效应，使公众和企业能长期良性互动。13 个设区市的 86 家设施单位全面开放，各类设施累计开放 1 300 余批次，参观人员超过 9 万人。

3.4 全民行动格局基本形成

3.4.1 宣传教育

宣教品牌影响力逐步扩大。省级层面，江苏将每年 6 月的第一周确定为全省“环境宣传教育周”。各地“纪念六五环境日”主题活动形式多样、精彩纷呈。“守望绿色家园”文艺汇演、大学生环保知识大赛、“绿色之声”音乐诵读会、“环保网络文化季”、“我来测一测”、“四方对话，打一场蓝天保卫战”、“我爱古诗词——我和长江有个约定”、“诗 e 中国行”江苏首站生态文化公益活动等得到社会各界的广泛参与。于 2020 年发布的《江苏生态文明 20 条》，以平实的语言和理念引导公民践行绿色低碳生活方式，主动、自觉参与生态文明建设，成为全国首个省级生态文明公约。地方层面，南京打造两岸“环保小局长”交流、“自然小课堂”、“心泉行动”等活动品牌。无锡连续 13 年开展环境月系列宣传活动。常州联合市城管局等单位开展“世界环境日·给垃圾做‘捡’法”现场活动。连云港每年“六五”环境日期间以“连云港绿色发布”形式宣传环保亮点工作、典型违法案件、先进人物事迹等。淮安每年开展“带着媒体看环保”系列活动。盐城联合市委宣传部开展“生态卫士”“十佳绿色人物”“最美环保人”等评选活动。扬州开展“行走江淮生态大走廊”系列活动。宿迁坚持每周发布环境监管周报，2017—2019 年共推送环境监管周报 150 期、县区环境监管周报 100 期。

环境教育培训持续推进。省级层面，出台教育培训相关管理办法，规范工作、理顺机制。组织生态环境系统培训、“十期千人”企业环保培训，做好培训质量评估。启动生态文明教育立法工作。命名 18 批江苏省绿色学校（幼儿园）共 2 420 所，创建江苏省绿色社区 1 126 个，创建国际生态学校 57 所，全国中小学环境教育社会实践基地 5 家，省生态环保体验中心已接待 3 万余人次。开通“环保号”地铁，打造绿博园环保主题车站，开设“地铁环保小课堂”，不断拓展环保宣教阵地。“青少年环境知识科普课堂——生命之水”活动覆盖全省 97 个县（市、区）的 1 736 所学校，40 余万学生参与。地方层面，南京出台《南京市环境教育促进办法》，无锡出版《无锡环保教育地图》，苏州出版生态文明义务教育和学前教育阶段系列读本，常州联合财政部门出台《生态文明创建示范项目资金补助办法》。南通建成国内规模最大的环境教育馆，建筑面积 9 926 m^2，总投资 9 100 多万元。镇江实施“绿芽计划”，招募选拔 300 名绿芽讲师志愿者深入学校开展环境教育。

全省新媒体矩阵基本形成。至 2020 年年底，“@江苏生态环境”发布微博 10 639 条，开展“带着微博看环保”直播活动 82 场，阅读量累计超过 2 565 万人次。“江苏生态环境”微信公众号累计发稿超过 5 000 篇，拥有粉丝 6 万多人。策划推出“不忘初心，牢记使命”“一五一十地干”“不说不知道”“直击看不见的污染”“难忘身边的他（她）”“围炉夜话”“蔷薇花信”“服务高质量发展”“往美里想，往好里干”“青春之歌”等宣传专题。“江苏生态环境网”新闻栏目及宣传专栏发稿 12 302 篇，“江苏环保公众网”发稿 9 447 篇。在新华报业集团“交汇点”新闻客户端开辟“绿政”频道，发布环保新闻 10 858 篇。《江苏环境》发行量逐年增加。13 个设区市生态环境政务微博、微信等自媒体影响力不断扩大。

3.4.2　公众参与

江苏省通过开展一系列活动增强公众对环保的参与度。例如，开展“环境守护者”行动，向全省公开招募 642 名环境守护者，由其担当示范员、观察员、监督员、宣传员和调解员，通过“环境守护者手机端 App”和“江苏省环保公众参与信息管理系统”两项信息化技术手段直接参与全省的环境公共事务管理，成为生态环境部门的“鹰眼”和“参谋”，该项目被生态环境部、中央文明办评为“美丽中国，我是行动者”2019 年十佳公众参与案例。开展“云参观”“云开放”等线上直播活动近 50 场次，超过 600 万公众参与其中。常州市垃圾焚烧发电项目为进一步提升项目运营的透明度，加强与当地社区的互融互动，企业主动拆除了厂区围墙，把居民“请进来”，在厂区内增设环保科普馆、图书馆、篮球场、咖啡屋、街心花园等便民惠民设施，成为国内首个无围墙、全开放、设施惠民的“邻利工厂”和“城市客厅”。该项目入选中央组织部编写的《贯彻落实习近平新时代中国特色社会主义思想、在改革发展稳定中攻坚克难案例——生态文明建设》一书，成为中央文明委在全国生态环境系统设立的第一家基层联系点。江苏还以小额资助、政府购买服务、专业培训等形式引导社会组织参与生态环境保护，全省环保社会组织联盟和高校环保社团联盟成员达 81 家。启动全省重点行业企业绿色责任行动，实施“绿色伙伴”计划。地方层面也积极响应号召，徐州连续 5 年开展“环保邮路万里行”活动，把环保理念送到千家万户，该项目荣膺第二届江苏志愿服务金奖，被省文明办评为“文明江苏”志愿服务行动创新案例。无锡连续多年组织“环太湖生态文明志愿服务大行动”，引导公众共同保护太湖生态环境。连云港打造“环保市民观察团”，开通“港城环保污染随手拍 App”。南通出台《南通市环境违法失信行为公众监督管理办法（试行）》。扬州、泰州出台《举报生态环境违法行为奖励办法（试行）》，鼓励公众参与生态环境治理监督。

3.4.3 环境舆情监测

随着公众环保意识的逐渐提高，对生活环境的舆情也越来越关注，尤其是涉及公共安全和生态环境的重大项目，地方政府如果盲目追求经济效益和政绩而将市民的生活环境置于不顾，必然会引发民众的不满和恐慌，招致舆论的强烈反对和声讨。尽管大多数环境舆情事件的涉事主体是企业，但由于环境问题带来的社会影响是广泛的，不仅需要涉事企业积极应对，更需要政府部门切实履行好监管职责。近年来，江苏省持续完善“江苏环保舆情管理系统”，强化对舆情的监测管理和分析，建立省、市、县三级联动机制。实行舆情分类报送，在日常监测的基础上，针对重要时间节点增加舆情监测频次。通过采用专业的网络舆情监测系统工具，对多个平台的动态信息进行实时追踪，实现全网全方位 24 小时监测，累计上报《江苏生态环境舆情简报》1 820 期，《重要环境舆情专报》254 期，每月编写《江苏生态环境舆情月报》。响水“3·21”特别重大爆炸事故期间，每天研判舆情并发布应急监测报告，及时回应公众关切。针对“环保搞垮经济”“环保影响民生”“环保导致猪肉涨价”“农民烧清洁煤中毒”等方面，通过主流媒体和政务新媒体进行回应，及时传播官方声音和准确数据，做到解疑释惑、澄清事实，赢得公众的理解和支持。

3.5 法规标准取得突破性进展

3.5.1 生态环境法治体系建设

江苏省生态环境法规建设坚持生态优先、绿色发展，立法中更加重视问题导向和制度供给，致力于基层实践，“立改废”并举，对不符合、不衔接、不适应国家法律规定、中央精神、时代要求的地方性法规全面清理，通过打包式立法完成 13 件次地方性法规修订，废止《江苏省环境保护条例》，现有全省生态环境地方性法规共 11 件，省政府规章 3 件，省生态环境部门规范性文件 16 件，13 个设区市地方性法规共 25 部。其中，地方性法规规范水污染防治的 4 件、大气污染防治的 2 件，海洋环境保护、辐射污染防治、环境噪声污染防治、固体废物污染环境防治及生态环境监测的各 1 件；省政府规章 3 件，分别规范一次性塑料餐具和塑料袋污染防治、污水集中处理设施环境保护及挥发性有机物污染防治；省生态环境厅颁布并负责实施的规范性文件 16 件，涉及固体废物、辐射防治、生态环境技术支撑与服务机构、应急、监测、公众参与、环保领域信用以及执法监督等领域，初步形成了法规体系。

以法规锚固实践创新，提高立法效率，严格立法程序，及时更新完善法规，准确保障人民的环境权益，回应人民群众重大关切。2020 年 1 月省人大常委会通过《江苏省生态环境监测条例》，明确生态环境监测规划和监测网络站点建设，强化监测活动的开展；严格保障了监测数据在环境执法中的地位，规范监测机构和人员行为，明确法律责任。《江苏省生态环境监测条例》成为全国首部关于生态环境监测的地方性法规，及时固化江苏省生态环境监测的改革成果、有效经验和实践特点，保障作为生态环境基础工作的监测事务。2020 年 11 月通过的《江苏省水污染防治条例》，针对突出问题，将河长制、水环境生态补偿机制、农业农村水污染治理等成功实践经验确立为法律制度，成为江苏省水污染防治的总纲性地方立法。

在政府规章层面，2018 年 1 月通过《江苏省挥发性有机物污染防治管理办法》。在 2020 年先后颁布两项省生态环境厅规范性文件《江苏省生态环境行政处罚裁量基准规定》和《江苏省重点排污单位自动监测数据执法应用办法（试行）》，指导生态环境行政执法工作。

重点落实法规清理工作，废止已不能适应当前生态文明建设和环境保护要求的《江苏省环境保护条例》《江苏省大气颗粒物污染防治管理办法》《江苏省排放水污染物许可证管理办法》等，对《江苏省太湖水污染防治条例》《江苏省机动车排气污染防治条例》等其他 9 部条例进行了修改，修改《江苏省污水集中处理设施环境保护监督管理办法》和《江苏省餐厨废弃物管理办法》，及时更新《江苏省企事业环保信用评价办法》。

3.5.2　生态环境标准体系建设

为改善生态环境质量，满足环境管理需求和突破生态环境标准发展“瓶颈”，补短板、建机制、强基础，建立支撑适用、协同配套、科学合理、规范高效的生态环境标准体系，确保江苏省生态环境执法精准高效、治污科学规范，省政府办公厅出台《江苏省生态环境标准体系建设实施方案（2018—2022 年）》，计划 2022 年前制（修）订环境质量标准、污染物排放标准、环境监测方法、管理规范、工程规范及实施评估等六类生态环境标准 100 项。江苏省 2018 年以来生态环境领域地方标准见表 3-2。

表 3-2 江苏省 2018 年以来生态环境领域地方标准

领域	类别	序号	标准名称	已发布	正在制定
水污染防治	污染物排放标准	1	DB 32/1072—2018 太湖地区城镇污水处理厂及重点工业行业主要水污染物排放限值	√	
		2	DB 32/3431—2018 钢铁工业废水中铊污染物排放标准	√	
		3	DB 32/3432—2018 纺织染整工业废水中锑污染物排放标准	√	
		4	DB 32/3462—2020 农村生活污水处理设施水污染物排放标准	√	
		5	DB 32/939—2020 化学工业水污染物排放标准	√	
		6	DB 32/4043—2021 池塘养殖尾水排放标准	√	
		7	**DB 32/3560—2019 生物制药行业水和大气污染物排放限值**	√	
		8	**DB 32/3747—2020 半导体行业污染物排放标准**	√	
		9	**电镀行业主要污染物排放标准**		√
		10	酿造工业水污染物排放标准		√
		11	**畜禽养殖业污染物排放标准**		√
		12	**城镇污水处理厂污染物排放标准**		√
		13	**焦化行业主要污染物排放标准**		√
	监测标准	1	DB32/T 3583—2019 生物中氚和碳-14 的测定 液体闪烁计数法	√	
		2	DB32/T 3584—2019 水中铅-210 的测定 冠醚树脂色层法	√	
		3	DB32/T 3945—2020 水质挥发性有机物的在线测定 连续吹扫捕集/气相色谱法	√	
		4	DB32/T 4004—2021 水质 17 种全氟化合物的测定 高效液相色谱串联质谱法	√	
		5	海洋沉积物石油类 超声提取-紫外分光光度法		√
	管理技术规范	1	DB32/T 3764—2020 医疗污水病毒检测样品制备通用技术规范	√	
		2	DB32/T 3765—2020 应对传染病疫情医疗污水应急处理技术规范	√	
		3	DB32/T 3871—2020 太湖流域水生态环境功能区质量评估技术规范	√	
		4	DB32/T 3793—2020 太湖流域果园面源污染综合防控技术规范	√	
		5	浅水湖泊水源地水生态安全评价指南		√
		6	太湖流域稻/麦轮作化肥增效及氮磷减排技术规范		√
		7	海水水质评价标准 总氮和总磷		√
		8	河网水功能区水环境容量核定技术规范		√
		9	江苏省离岸式海洋环境在线监测站点建设技术规范		√
		10	江苏省水产养殖业污染物控制技术规范		√
		11	太湖流域村落生活污水处理技术规范		√
		12	农村黑臭水体治理技术指南		√

<table>
<tr><th>领域</th><th>类别</th><th>序号</th><th>标准名称</th><th>已发布</th><th>正在制定</th></tr>
<tr><td rowspan="32">大气污染防治</td><td rowspan="26">污染物排放标准</td><td>1</td><td>DB 32/4042—2021 制药工业大气污染物排放标准</td><td>√</td><td></td></tr>
<tr><td>2</td><td>DB 32/3559—2019 铅蓄电池工业大气污染物排放限值</td><td>√</td><td></td></tr>
<tr><td>3</td><td>DB 32/3728—2020 工业炉窑大气污染物排放标准</td><td>√</td><td></td></tr>
<tr><td>4</td><td>DB 32/3814—2020 汽车维修行业大气污染物排放标准</td><td>√</td><td></td></tr>
<tr><td>5</td><td>DB 32/4041—2021 江苏省大气污染物综合排放标准</td><td>√</td><td></td></tr>
<tr><td>6</td><td>DB 32/3966—2021 表面涂装（汽车零部件）大气污染物排放标准</td><td>√</td><td></td></tr>
<tr><td>7</td><td>DB 32/3967—2021 固定式燃气轮机大气污染物排放标准</td><td>√</td><td></td></tr>
<tr><td>8</td><td>DB 32/3560—2019 生物制药行业水和大气污染物排放限值</td><td>√</td><td></td></tr>
<tr><td>9</td><td>DB 32/3747—2020 半导体行业污染物排放标准</td><td>√</td><td></td></tr>
<tr><td>10</td><td>表面涂装（工程机械和钢结构行业）大气污染物排放标准</td><td></td><td>√</td></tr>
<tr><td>11</td><td>水泥工业大气污染物排放标准</td><td></td><td>√</td></tr>
<tr><td>12</td><td>燃煤电厂大气污染物排放标准</td><td></td><td>√</td></tr>
<tr><td>13</td><td>燃气电厂大气污染物排放标准</td><td></td><td>√</td></tr>
<tr><td>14</td><td>锅炉大气污染物排放标准</td><td></td><td>√</td></tr>
<tr><td>15</td><td>木材加工行业大气污染物排放标准</td><td></td><td>√</td></tr>
<tr><td>16</td><td>施工场地扬尘排放标准</td><td></td><td>√</td></tr>
<tr><td>17</td><td>钢铁工业大气污染物排放标准</td><td></td><td>√</td></tr>
<tr><td>18</td><td>餐饮业大气污染物排放标准</td><td></td><td>√</td></tr>
<tr><td>19</td><td>印刷工业大气污染物排放标准</td><td></td><td>√</td></tr>
<tr><td>20</td><td>工业涂装工序大气污染物排放标准</td><td></td><td>√</td></tr>
<tr><td>21</td><td>纺织染整工业大气污染物排放标准</td><td></td><td>√</td></tr>
<tr><td>22</td><td>玻璃钢制品行业挥发性有机物排放标准</td><td></td><td>√</td></tr>
<tr><td>23</td><td>电镀行业主要污染物排放标准</td><td></td><td>√</td></tr>
<tr><td>24</td><td>畜禽养殖业污染物排放标准</td><td></td><td>√</td></tr>
<tr><td>25</td><td>城镇污水处理厂污染物排放标准</td><td></td><td>√</td></tr>
<tr><td>26</td><td>焦化行业主要污染物排放标准</td><td></td><td>√</td></tr>
<tr><td rowspan="2">监测标准</td><td>1</td><td>DB32/T 3944—2020 固定污染源废气非甲烷总烃连续监测技术规范</td><td>√</td><td></td></tr>
<tr><td>2</td><td>固定污染源废气 颗粒物的测定 直读微量振荡天平法</td><td></td><td>√</td></tr>
<tr><td rowspan="4">管理技术规范</td><td>1</td><td>DB32/T 3500—2019 涂料中挥发性有机物限量</td><td>√</td><td></td></tr>
<tr><td>2</td><td>DB32/T 4025—2021 废水处理中恶臭气体生物净化工艺技术规范</td><td>√</td><td></td></tr>
<tr><td>3</td><td>空气质量预报准确率评价技术规范</td><td></td><td>√</td></tr>
<tr><td>4</td><td>实验室废气污染控制技术规范</td><td></td><td>√</td></tr>
<tr><td rowspan="4">土壤污染防治</td><td rowspan="3">风险管控标准</td><td>1</td><td>建设用地土壤污染风险筛选值</td><td></td><td>√</td></tr>
<tr><td>2</td><td>建设用地地下水污染修复和风险管控技术导则</td><td></td><td>√</td></tr>
<tr><td>3</td><td>污染场地风险管控技术规范</td><td></td><td>√</td></tr>
<tr><td>监测标准</td><td>1</td><td>土壤环境重点监管企业监督性监测技术规范</td><td></td><td>√</td></tr>
</table>

领域	类别	序号	标准名称	已发布	正在制定
土壤污染防治	管理技术规范	1	DB32/T 3943—2020 建设用地土壤污染修复工程环境监理规范	√	
		2	DB32/T 4003—2021 加油站地块土壤污染状况调查技术指南	√	
		3	太湖沿湖地区集约化稻田清洁生产技术规范		√
		4	电镀行业地块土壤污染状况调查技术规范		√
		5	复合污染工业场地调查技术指南		√
		6	建设用地非确定源土壤污染状况调查技术指南		√
		7	铅蓄电池行业污染场地环境调查技术规范		√
		8	太湖沿湖地区集约化设施菜地清洁生产技术规范		√
		9	污染场地修复后期监管技术指南		√
		10	畜禽粪污还田环境承载力测算技术指南		√
固体废物污染防治	管理技术规范	1	DB32/T 3492—2018 稀土冶炼废渣放射性豁免要求	√	
		2	DB32/T 3942—2021 废线路板综合利用污染控制技术规范	√	
		3	危险废物综合利用与处置技术规范 通则		√
		4	化工废盐无害化处理技术规范		√
		5	含铜蚀刻废液综合利用污染控制技术规范		√
生态	监测标准	1	DB32/T 4005—2021 淡水浮游藻类监测技术规范	√	
		2	淡水大型底栖无脊椎动物监测技术规范		
	管理技术规范	1	DB32/T 4044—2021 出入湖河口生境改善工程技术指南	√	
		2	DB32/T 4045—2021 湖滨生态系统构建与稳定维持技术指南	√	
		3	DB32/T 4046—2021 城市湖泊水体草型生态系统重构技术指南	√	
		4	河道清水廊道构建和生态保障技术导则		√
		5	海洋生物资源损失评估规范		√
		6	平原河网区入湖河口污染物生态拦截技术指南		√
		7	平原河网区浅水区水生植被削减控制及恢复诱导技术指南		√
		8	生态环境治理技术评估规范		√
		9	江苏省生态环境承载力评价技术规范		√
信息化	管理技术规范	1	DB32/T 4024—2021 农村生活污水物联网管理技术规范	√	
		2	废水污染物在线监测仪安装运行技术规范		√
		3	环境信息 数据共享交换技术规范		√
		4	水环境质量信息分类与描述技术规范		√
		5	环境信息资源目录管理技术规范		√
		6	污染源自动监控系统数据传输扩展标准技术规范		√
		7	水污染物在线监测仪与数采仪通讯协议技术规范		√
		8	大气污染源工况用电监控技术规范		√
		9	江苏省污水处理厂污染排放过程（工况）自动监控技术指南		√
		10	江苏省生活垃圾焚烧发电厂烟气排放过程（工况）自动监控技术指南		√

领域	类别	序号	标准名称	已发布	正在制定
信息化	管理技术规范	11	江苏省火电厂烟气排放过程（工况）自动监控技术指南		√
		12	江苏省污染源视频监控系统建设技术指南		√
		13	江苏省工业园区生态环境管理信息系统建设指南		√
企业与园区	管理技术规范	1	DB32/T 3795—2020 企事业单位和工业园区突发环境事件应急预案编制导则	√	
		2	DB32/T 3794—2020 工业园区突发环境事件风险评估指南	√	
		3	石油化工企业环境应急能力建设技术规范		√
		4	企业（污染源）全过程环境管理规范		√
		5	江苏省电镀园区环境管理技术规范		√
其他	监测标准	1	环境与健康监测技术规范		√

注：加粗的为既涉及水污染防治又涉及大气污染防治的标准。

3.6　执法监管体系开创新局面

3.6.1　排污许可管理

积极推动建立以排污许可证为核心的全过程监管和多污染物协同控制制度，江苏省从 2017 年全面推进排污许可证核发，先后印发《关于开展 2019 年排污许可证申领工作的通告》《江苏省加快推进排污许可证核发全覆盖工作方案》等，加快推进排污许可制改革，对全省 30 余万家企业进行了排查清理，累计核发许可证 3.5 万家、登记 25.6 万家，顺利完成排污许可证发证登记“全覆盖”任务。

开展排污许可证后管理改革试点，探索建立固定污染源环境管理机制，将排污许可事项纳入地方政务服务基本目录，出台《省生态环境厅关于加快推进排污许可政务服务“跨省通办”事项的通知》，确保排污许可事项在不同地域无差别受理，同标准办理，实现排污许可政务服务“跨省通办”。制定《江苏省环评与排污许可监管行动计划（2021—2023 年）》，提升环评与排污许可的业务监管能力，推进审查审批与行政执法衔接。为加强废气治理、固体废物管理与排污许可管理衔接，推进排污单位废气治理、固体废物管理规范化，将活性炭使用更换纳入排污许可管理。制定《江苏省固定污染源排污许可证质量和执行报告审核全覆盖工作方案》，推进排污许可证质量复核、执行报告审核“全覆盖”。

3.6.2　信用体系建设

不断健全监管体系。为不断融合法治化、市场化的环保信用体系，省生态环境厅联合省发展改革委、市场监督管理局在《江苏省企业环保信用评价暂行办法》（苏环办〔2018〕515号）试行一年的基础上，修订印发《江苏省企事业环保信用评价办法》（苏环规〔2019〕5号），在实施企业环保信用监管的基础上，将学校、医院等有污染物排放的事业单位一并纳入，参评单位数量大幅增加，监管范围不断拓展。截至2020年年底，全省环保信用参评企事业单位共95 285家，全省绿色（诚信）、蓝色（一般守信）、黄色（一般失信）、红色（较重失信）和黑色（严重失信）等级单位数量分别为363家、94 298家、362家、5家和257家，分别占全省总数的0.38%、98.96%、0.38%、0.01%和0.27%。省企事业环保信用评价系统全年共生成实时评价信息2 300万条，联合奖惩执行名单874条，同步传输给省公共信用信息平台、省市场监管信息平台，在“信用江苏”实时发布。省生态环境厅官网开设的评价系统公众端全年查询量达375万次，日均查询量超1万次。

强化信用信息运用。依托全省9.5万家企事业单位环保信用信息，精心打造“环保脸谱”，用“二维码”一体化展现企事业单位信息，有效建立起“线上发现、及时整改—线上跟踪、及时调度—线上督查、及时销号”的“非现场”监管机制和“一码通看、码上监督”的公众参与模式；以环保信用达到绿色等级为前提，评选出第二届“绿色发展领跑者”共10家企业；对环保信用较好的企业开展在线监控、无人机、用电监控等非现场检查13 802家次，减免处罚28次，通过现场帮扶、电话网络咨询等方式服务企业13 943次；对1 983个省级环境保护专项资金申报项目及“绿岛”建成项目进行信用审核，其中30个因项目单位信用不达标被否决。

有力推行信用承诺。制定统一的环保信用承诺书，鼓励企事业单位通过互联网开展主动型、自律型信用承诺，全省已有1.1万家企事业单位的法人主动作出环保信用承诺，全部通过省生态环境厅官网向社会公示。目前，99.5%的企事业单位在其法人签署环保信用承诺书后，能严格遵守环保法律法规，坚持守法诚信生产经营，无环保处罚记录，仅0.5%的企事业单位承诺后受到过环保处罚。

有效落实联合奖惩。与江苏银保监局联合出台《关于加强环保信用建设推进绿色金融工作的指导意见》，引导银行保险机构将企事业环保信用评价结果作为执行差别化绿色信贷政策和开展差别化环境污染责任保险的重要依据，切实加大对绿色、低碳、循环经济的金融支持，全年共向江苏银保监局报送企事业环保信用评价结果15.5万条。2020年上半年，省内主要银行机构对环保信用参评企业贷款余额为11 876.47亿元；对绿色、蓝色等级企业贷款余额为11 826.26亿元，余额占比为99.58%，较2019年同期增加233.26亿元；对红色、黑色等级企业贷款余额为13.11亿元，余额占比仅为0.11%。网上公开发布全省绿色、红色和黑色等级企事业单位名单874条，会同省发展改革委、省电力公司对红色、黑色等级企业收取惩罚性电费，每月共约400万元。与相关省市联合签署《长三角区域生态环境领域实施信用联合奖惩合作备忘录（2020年版）》，积极营造“失信者处处受制，守信者处处受益”的区域信用环境。

积极开展宣传引导。召开《江苏省企事业环保信用评价办法》视频宣贯会，面向全省生态环境系统环保信用管理条线 500 余人开展宣贯解读，统一思想认识，集中答疑解惑，推动办法落地生效。多次参加省政府新闻发布会，先后围绕“加强环保领域信用监管，推进生态环境治理体系和治理能力现代化”和“革新环保信用联合奖惩，推动企业更好地履行生态环境保护责任” 等答记者问。通过江苏卫视、新华日报、交汇点、江苏生态环境公众号等媒体宣传环保信用工作 20 余次，“江苏新时空”对生态环境厅公开发布的环保失信企业名单、与江苏银保监局联合出台的《关于加强环保信用建设推进绿色金融工作的指导意见》等工作进行了报道。

专栏 3-4 企业环保信用评价

（一）企事业环保信用评价

为贯彻落实党的十九大关于“健全环保信用评价制度”的部署要求，加快环保信用体系建设，江苏省生态环境厅负责统一指导全省企事业环保信用管理工作，制定和完善评价体系及评分标准，建设全省统一的企事业环保信用评价系统。

企事业环保信用评价实行 12 分动态记分制。初次纳入环保信用评价范围的企事业单位，其初始环保信用分值为 9 分。环境行为信息产生后，根据《江苏省企事业环境行为信用记分标准》进行记分，生成相应的环保信用等级动态评价结果。环保信用分值由所有有效记录分值累计确定。对环保信用等级为绿色的企事业单位，生态环境主管部门应当建立定期公布机制，按规定落实信任保护原则，降低随机抽查频次，合理简化审批程序，优先安排补助资金，执行管控豁免等政策。对环保信用等级为黄色、红色和黑色的企事业单位，采取惩戒性措施。

依托企业环保信用评价，建立差别化水电价格、信贷和信任保护机制。对被评为红色等级的企业污水处理费加收标准不低于 0.6 元/m^3；对被评为黑色等级及连续两次（含）以上被评为红色等级的企业污水处理费加收标准不低于 1.0 元/m^3。对环保信用评价结果为较重失信（红色等级）和严重失信（黑色等级）的企业，其用电价格在现行电价标准的基础上，每千瓦时分别加价 0.05 元和 0.10 元。

（二）企业环保信任保护

为促进信任保护原则在环境执法中的运用，实施差别化监管，完善正向激励机制，创新监管形式，江苏省生态环境厅印发《江苏省企业环保信任保护原则实施意见（试行）》。

各级生态环境部门对能够严格落实生态环境法律、法规、规章要求，认真执行生态环境政策标准规定，环境管理处于行业领先水平、能够积极配合生态环境部门日常监督管理的企业给予守法信任并予以保护，具体措施如下：

一是压减检查频次。对环保信任企业减少现场检查频次，降低企业迎检次数。在各类生态环保专项检查、交叉互查、重大活动保障督查中，环保信任企业适用豁免检查。二是提高“放管服”水平。对环保信任企业实施“容缺受理”便利服务措施，环评申报纳入“绿色通道”，对其改建、扩建项目申报环评审批的，除法律法规要求提供的材料外，部分申报材料不齐备的，如其书面承诺在规定期限内提供，应先行受理，加快办理进度，确保将审批时限由法定的60个工作日压缩至30个工作日以内。三是给予政策扶持。各级生态环境部门对环保信任企业应优先安排环保补助资金、优先办理环保行政许可，对环保信任企业在评先评优等方面给予重点推荐。四是落实豁免政策，认真执行《江苏省秋冬季错峰生产及重污染天气应急管控停限产豁免管理办法（试行）》相关规定，严格对照豁免条件精准确定豁免名单，科学合理进行停限产豁免。

环保信任企业按年度申请，每年1月起开始申报，1月31日前完成。环保信任企业应当清洁生产达到一级（国际先进）水平，企业环保信用评价等级为“绿色”，已申领排污许可证且能规范执行许可证日常管理要求，污染物稳定达标排放、在线监测符合规范，近一年无被查实的环境信访投诉举报。

3.6.3 生态环境综合执法改革

执法联动机制不断健全。省生态环境执法部门联合省其他部门共同出台《关于规范全省环境污染犯罪案件检测鉴定等有关事项的通知》《打击涉危险废物环境违法犯罪行为专项行动方案》《关于进一步规范全省环境污染犯罪案件危险废物认定工作的通知》《江苏省环境污染犯罪案件危险废物初步认定技术指南》等系列指导性文件，为联动执法提供了有力的抓手。主动与应急管理、市场监管等部门加强联系，建立联动执法、会商研判机制，共享企业安评、环评信息，联手排查重大隐患，联合惩戒违法行为。解决了联动执法痛点、难点问题，部门间协作更加顺畅，联动更加高效，形成环境监管执法合力。

执法队伍能力素质有效提升。执法队伍不断壮大，到2019年年底，全省执法总人数为3 532人，在编在岗2 143人，从外单位借用1 389人。执法人员数量逐年增加，执法力量逐渐壮大。移动执法装备更新升级，构建部、省、市三级执法装备系统联网体系，全面升级全省移动执法系统，实现执法检查全过程留存，随时掌握执法现场第一手资料。执法手段丰富多样。使用夜查、“回马枪”“锦囊式”暗查、媒体曝光、司法联动、“昆仑行动”、联合挂牌、有奖举报、专案稽查、驻点监督、交叉互查等多种手段开展，有效提升执法人员实战水平。岗位业务培训进一步强化。聘请行业专家和生态环境系统执法能手授课，举办执法人员参加的专题培训班，重点强化现场调查取证、环保法律法规适用、环境污染犯罪案件办理等能力。

执法行为规范化发展。江苏专门印发的《关于进一步规范生态环境执法工作的通知》，要求全面推行生态环境执法“543”工作法和现场“八步法”，规范生态环境执法行为。该通知要求建立执法任务清单制度，进一步厘清日常执法、专项执法、专案执法、执行监督和计划外执法等 5 种执法任务。根据通知，要细化执法准备、现场执法、处理处罚和执行落实 4 个关键环节。生态环境执法人员在执行 5 类执法任务时均必须使用移动执法设备和执法记录仪，按照定位报到、亮证告知、信息核实、现场检查、笔录制作、打印签名、电子归档、任务完成“八步法”规范流程开展执法工作，如实记录执法过程。对于涉嫌违反生态环境法律、法规和规章的违法行为，及时立案调查。同时规定，不属于本区域生态环境部门管辖的案件或涉及其他领域的违法行为线索应及时转交相关部门。此外，还对案件移交移送程序进行了规范。对环境行政处罚、行政命令等具体行政行为执行情况进行跟踪监督，对排污者解除限制生产、停产整治后 30 日内进行跟踪检查。此外，江苏还将严格落实行政执法公示、执法全过程记录、重大执法决定法制审核 3 项执法制度，强化事前公开、事后公开，规范事中公示，做到执法全过程留痕和可回溯管理。围绕“全省覆盖、互联互通、现场定位、实时传输、全程留痕”目标，从硬件配备、软件开发、制度保障、推广应用等方面系统性开展工作，建成了科学规范、高效运转、公开透明的移动执法系统，推动了生态环境执法信息化、规范化水平的显著提升。制定了相应的《江苏省生态环境移动执法系统任务执行和考核办法》，以规范生态环境执法行为，提升生态环境执法效能。

专栏 3-5　苏州市吴江区探索构建生态环境统一执法新模式

（一）实践起因

为贯彻落实《长江三角洲区域一体化发展规划纲要》和《长三角生态绿色一体化发展示范区总体方案》，根据《长三角生态绿色一体化发展示范区建设工作方案（2019 年 11 月—2020 年 11 月）一生态环境领域行动计划》等文件要求，有序夯实示范区环境执法授权，吴江、青浦和嘉善三地探索建立环境执法跨界现场检查互认常态化机制。

（二）实践措施

（1）成立“两区一县生态环境统一执法工作协调联络组”。三地生态环境分局主要负责人为协调联络组组长，分管执法工作的分管领导为小组副组长，负责统筹协调两区一县统一执法工作。协调联络组下设生态环境综合执法队，从吴江、青浦和嘉善抽调骨干人员。负责制订年度工作计划，组织开展三地统一执法工作。综合执法队负责人由三地生态环境部门相关负责人轮流兼任。

（2）建立执法人员和执法范围两张清单。各地生态环境部门确定执法人员名单，统一上报申请授权。检查对象清单由重点对象、一般对象和其他对象组成。重点对象为先行启动区内重点排污单位及饮用水水源保护区，一般对象为太浦河、淀山湖、元荡、汾湖“一河三湖”等主要水体沿河排放口，其他对象为区域重点排污单位、邻避问题、跨区域信访投诉问题，其他重点排污单位以及可能造成“两区一县”跨区域环境影响的企事业单位。

（3）确定联合检查和抽查作为执法方式。采用异地执法人员担任组长，属地配合的形式开展跨界现场检查。具体检查名单由协调联络组综合执法队现场确定。根据实际工作需要实施抽查，指定属地生态环境部门开展检查或者直接指派综合执法队跨界开展检查。

（三）实践效果

（1）成立示范区综合执法队。2020 年 5 月，吴江、青浦与嘉善三地成立了“示范区生态环境综合执法队”。2020 年以来综合执法队先后开展 5 次跨界联合执法检查，共计检查重点企业 41 家，发现并查处环境问题 32 个，严厉打击各类违法行为。特别是在第三届进博会期间，三地生态环境执法队伍首次联合组织开展服务进博会重大活动空气质量保障工作。

（2）实施跨界水体联防联控。2020 年 11 月组织开展跨区或突发环境事件三地“全要素”综合应急演练，以实战方式模拟吴江某企业工具间电器发生火灾，引发次生环境污染、威胁太浦河饮用水水源地水质安全的应急处置，三地生态环境、公安、水利、应急、消防等相关部门联动响应，出动近 200 人，船艇 4 艘、车辆 20 余辆，全面检验应急预案和联动方案，增强了三地协同应对跨界突发环境事件的能力。

（3）党建引领业务融合发展。三地生态环境执法系统以支部共建为载体，分享资源，交流经验，互动融合，打造“青吴嘉”生态环境系统党建联盟。先后开展示范区生态环境系统党建交流、文体促建、党史竞赛、执法业务讨论等活动，强化党建与业务深度融合，锤炼铁军意志。

3.6.4 推进司法衔接

为充分发挥流域区域管辖、跨行政区划、案件集中管辖制度优势，大力度推进江苏生态文明建设，根据江苏生态功能区划和生态保护重点，设立长江流域（南片、北片）环境资源法庭，加强对长江生态环境的系统保护；设立太湖流域、洪泽湖流域、骆马湖流域环境资源法庭，加强对重要饮用水水源地、水源涵养地生态环境的系统保护；设立西南低山丘陵区域、西北丘岗区域环境资源法庭，加强对重要水源涵养、水土保持地生态环境的系统保护；设立黄海湿地环境资源法庭，加强对重要生物多样性维护功能区域生态环境的系统保护；设立灌河流域环境资源法庭，加强对江苏海域生态环境的系统保护。南京市中级人民法院设立环境资源法庭，集中管辖全省中级法院管辖的一审环境资源案件和不服 9 个环境资源法庭审结案件的上诉案件，建立以省高院环境资源审判庭为指导、南京环境资源法庭为主导、9 个功能区法庭为依托的环境资源集中管辖审判体系。集中管辖审理一批破坏生态环境案件，特大非法捕捞长江鳗鱼苗案被列选“2019 年度人民法院十大民事行政案件”。省检察院与省生态环境厅成立联合实验室，破解环境公益诉讼案件鉴定难、周期长、费用贵等问题。

3.6.5　落实生态环境损害赔偿制度

江苏省深入推进生态环境损害赔偿制度改革，出台《江苏省生态环境损害赔偿制度改革实施方案》《省政府办公厅关于印发生态环境损害赔偿制度改革实施方案配套文件的通知》《江苏省高级人民法院关于生态环境损害赔偿诉讼案件的审理指南（一）》，形成改革工作的 “1+7+1” 制度体系，推进“每案必赔、应赔尽赔”，累计启动赔偿案件 662 件、总额 13 亿元，位居全国前列。南通市被确定为全国首个生态环境损害赔偿制度改革基层联系点。南京胜科水务公司污染环境案入选南京法院 2019 年度十大典型案件，罚款金额加上环境修复费用共计 5.2 亿元，成为国内开出的污染环境“最严厉罚单”，体现了用最严格的制度最严密法治来保护生态环境。省生态环境厅和省人民检察院组织开展生态环境损害赔偿磋商典型案例征集评选活动，确定“启东市某固体废物处置有限公司非法填埋危险废物生态环境损害赔偿磋商案”等 20 件案例为江苏省生态环境损害赔偿磋商十大典型案例和提名表扬案例，进行推广。

专栏 3-6　南通创建生态环境损害赔偿实践引领区

（一）实践起因

2019 年 3 月，在江苏省人民政府与生态环境部签署的合作框架协议中，明确在南通市推进生态环境损害赔偿制度实践引领区建设。2020 年 7 月，南通市被生态环境部确定为全国首家推进生态环境损害赔偿制度改革基层联系点。

（二）主要做法

（1）建章立制，确保生态损害赔偿有据可依

完善制度体系。结合南通实际，率先出台改革试点实施方案和磋商办法等文件，明确生态环境损害赔偿范围、责任主体、索赔主体、损害赔偿解决途径等内容，建立健全鉴定评估管理和技术体系、资金保障和运行机制。

强化组织保障。市生态文明建设领导小组统筹推进生态环境损害赔偿制度建设和案例实践，各地各部门各司其职、尽职履责，会商解决改革难题、推广试点经验，形成改革强大合力。将生态环境损害赔偿纳入全市污染防治攻坚考核，压紧压实各地各部门责任。

营造良好氛围。适时公布生态环境损害赔偿典型案件，强化环境保护法制宣传，推动形成“环境有价、损害担责”的社会氛围。坚持主动出击、大胆探索，密切司法联动，强化信

息互通，推动生态环境损害赔偿与案件查办同步推进。

（2）优化方法，破解生态损害赔偿工作困局

突出问题导向。加大在固体废物处置、水气土污染防治等领域推进力度，推动生态环境质量持续改善。坚持原则性和灵活性相结合，在磋商流程上同步实施损害评估与磋商索赔，在磋商内容上明确损害事实不协商、修复方案可商议，进一步提升生态损害赔偿时效性，推动生态环境问题得到及时有效化解。

实施联动推进。适度拓展磋商谈判的主体范围，鼓励基层部门开展磋商索赔，充分调动发挥基层积极性、主动性。市级部门统筹做好指导、协调和见证，抓住有利时机推动案件尽快进入程序。

创新评估方式。对事实清楚、案情简单、损害明显的小额案件，邀请专家按照相关技术规范出具评估意见，有效解决部分案件鉴定评估与损害赔偿费用倒挂、鉴定机构不足、案件办理周期长等难题。

（3）规范管理，强化生态损害赔偿责任落实

严肃责任追究。在案件办理过程中，同步追究生态环境损害者的刑事和民事责任，推进生态环境损害赔偿磋商，推动协议尽快达成。建立全过程监督机制，对生态环境损害赔偿工作中滥用职权、玩忽职守、徇私舞弊的，依纪依法予以责任追究。

规范资金管理。考虑当事人赔偿能力，允许实施分期赔付，同时引入第三方担保、司法确认，保障赔偿资金落实到位。明确赔偿资金由损害结果发生地相关单位、部门负责执收，财政部门加强监督，规范赔偿资金管理和使用。

加强修复监督。强化生态环境损害者的主体责任，鼓励生态环境损害者以评估报告、修复方案为基础，实施“自行修复”或者 “自行委托第三方修复”。设置履约保证金，由索赔部门负责对修复进程、实效等进行监督，确保修复取得实效。

（三）实践效果

南通市签订生态环境损害赔偿（修复）协议 254 份，缴纳赔偿（修复保证）金 1.4 亿元，案例实践数全国地级市最高，让“环境有价、损害担责、应赔尽赔”理念得以充分体现。生态环境损害赔偿推动处置、修复土壤 16.9 万 m^2（含绿植覆盖 14.15 万 m^2）、地表水 0.6 万 m^2、固体废物 6.35 万 t。南通五山地区实施生态保护修复，新增森林面积约 6 km^2、森林覆盖率超过 80%，有效恢复长江岸线生态功能，建成国家森林公园，成为长江生态损害修复典范。

3.7　绿色金融政策日趋完善

3.7.1　绿色金融政策

充分发挥财政投入的带动作用和杠杆效应，由省政府牵头成立总规模 800 亿元的省生态环保发展基金，出台《关于深入推进绿色金融服务生态环境高质量发展的实施意见》，通过信贷、证券、担保、发展基金、保险、环境权益等 10 大项 33 条具体措施，对绿色金融的发展提出明确方向。在全国率先推出“环保贷”，先后印发《关于在全省范围内开展“环保贷”业务的通知》《江苏省“环保贷”业务操作细则》《关于深入推进“环保贷”工作的通知》，构建多元化、市场化的生态环保投入机制，引导更多金融资本进入生态环保领域。发布《绿色债券贴息政策实施细则（试行）》《江苏省环境污染责任保险保费补贴政策实施细则（试行）》《江苏省绿色担保奖补政策实施细则（试行）》《江苏省绿色产业企业发行上市奖励政策实施细则（试行）》等 4 份文件，明确绿色债券贴息、绿色产业企业上市奖励、环责险保费补贴、绿色担保奖补等政策。对发行绿色债券的企业，两年内每年贴息 30%；对符合条件的投保环责险的企业，按实缴保费的 40%给予补贴；对成功上市的绿色企业，一次性奖励 200 万元，2019 年累计安排奖补资金 1 817.82 万元。实施绿色产业企业上市奖励，对取得江苏证监局辅导备案确认日期通知的，一次性奖励 20 万元；取得中国证监会首次公开发行股票并上市行政许可申请受理通知书的，一次性奖励 40 万元；在上海或深圳证券交易所上市的，一次性奖励 200 万元；在境外上市的，一次性奖励 200 万元。鼓励企业发行绿色债券、积极在境内外上市、投保环责险，发挥绿色金融的激励作用。联合金融机构累计向 277 个项目发放“环保贷”163.18 亿元，下达绿色债券贴息、绿色企业上市奖励等奖补资金 7 034.1 万元。2020 年江苏绿色信贷余额 1.2 万亿元，约占全国的 10%，同比增长 51.2%。“环保贷”“节水贷”等品牌金融产品逐渐形成；全省发行绿色债务融资工具 65 亿元，占全国的 12.8%；绿色保险、绿色证券、绿色基金发展均位于全国前列。江苏银行作为国内赤道银行之一，率先建立金融服务碳达峰、碳中和的工作方案；苏州农商银行成为全国第一家绿色农商银行。

专栏 3-7　苏州完成全省首笔超千万元排污权抵押组合贷款

（一）实践起因

2017 年，江苏省发布《江苏省排污权有偿使用和交易管理暂行办法》，2018 年 10 月，提出《关于深入推进绿色金融服务生态环境高质量发展的实施意见》，2020 年 12 月，省生态环境厅、省财政厅、中国人民银行南京分行联合出台了《江苏省排污权抵押贷款管理办法（试行）》，苏州市吴江区围绕大力发展绿色金融的政策措施要求，加快节能环保质押融资等创新业务的开展，在环境权益市场融资工具领域不断开展深入探索，为企业提供一条新的融资渠道。

（二）主要做法

政策出台后，吴江区积极宣传引导，开展“一对一”服务指导。2021 年 3 月 31 日，吴江区一家纺织印染企业在苏州市生态环境局完成全市首例排污权抵押登记，随后苏州农商银行向该企业发放了 1 200 万元排污权抵押组合贷款，贷款期限 1 年。市、区、镇相关部门积极指导、密切配合，在借款、主体资格审核、排污权有偿使用费缴纳、排污权抵押登记等方面为企业和银行提供了高效服务，共同推动了此项业务开展。担保模式上，苏州农商银行此次创新性地采用了“排污权+其他担保”的模式，将排污权作为担保必要条件，进一步提高贷款额度、分散信贷风险。

（三）实践效果

创新性地将排污权抵押作为组合贷的前置条件，附加相关担保，贷款用途包括企业节能环保改造和日常生产经营活动，或专项用于购买排污权并以该排污权作抵押。这不仅为日后此类贷款的发放产生了良好示范效应，是江苏探索环境权益订场建设的一个生动案例，也是江苏率先实现碳达峰的探索。

3.7.2 建立“金环对话”机制

为破解绿色金融产品不丰富、信息不对称等难题，营造齐抓共管的氛围，确保生态环境质量持续改善的同时，有效推动产业绿色转型、经济持续增长，江苏省生态环境厅与多家金融机构签订“金环”对话合作备忘录，针对环保因素可能引发的法律和市场风险，指导帮助银行等金融机构做好防范和规避，提升应对风险、驾驭风险的能力。实施意见明确，银行机构不得违规为环保排放不达标、严重污染环境且整改无望的落后企业提供授信或融资。对环保信用评级为红色、黑色等级的企业在其环保信用等级修复之前，暂停向其新增贷款。这一模式的创新，标志着政府加大支持力度的决心，通过引导金融与产业结合，发挥资本市场的融资优势，进而为环保产业资源整合、技术创新提供坚实的后盾，切实降低投资风险，提高财务可行性和投资回报率。目前参与“金环”对话机制的省级行政部门有 10 家，环保贷合作银行有 6 家，签订合作备忘录的金融机构有 17 家，直接参与“对话”的金融机构和企业超过 700 家，已获益企业近 4 500 家，形成了“政—银—企”合作共赢的良好局面。

3.8 生态环境治理能力建设

3.8.1 生态环境基础设施建设

统筹推进机制初步形成。在全国率先出台《江苏省环境基础设施三年建设方案》，制订年度实施计划，在污染防治攻坚战监管平台按月调度工程进展，及时进行督查督办，确保建设取得实效。截至 2020 年年底，江苏新增城镇污水处理能力、城镇污水管网、工业废水处理能力、生活垃圾焚烧处理能力、危险废物处置能力等指标均超额完成目标任务。2020 年 4 月，省政府批准成立江苏省环保集团有限公司，赋予其全省重点环境基础设施建设项目的省级投资主体的定位要求，为统筹全省环境治理，补齐生态环境基础设施短板提供有力支撑。

城乡污水处理能力明显提升。全省已建成投运城镇污水处理厂 915 座，城镇污水处理能力达 1 989.76 万 t/d，较 2015 年年底提高 26%，实现所有城市和乡镇污水处理设施全覆盖。污水管网建设加快推进，新建污水管网约 1.3 万 km，改造城镇污水管网 3 700 km。农村生活污水治理设施建设持续推进，全省生活污水治理设施行政村覆盖率达到 77.7%，其中苏南地区实现全覆盖。

工业园区废水治理水平持续提升。截至 2020 年年底，全省 167 家省级以上工业园区已建成 203 座废水集中处理设施，处理能力达 1 116 万 t/d；建成管网长度 1.72 万 km，位列长江经济带省份第一。化工园区全部配备单独的工业废水处理厂，“一企一管”实现全覆盖。

开展长江经济带工业园区废水处理设施整治专项行动，开创性采用“水平衡”方法进行执法检查，推进废水处理设施建设不到位、运行不正常等问题的整改，有效提升园区工业废水收集处理水平。

生活垃圾处理能力大幅提高。全省已建生活垃圾处理设施 96 座，日处理能力达 8.89 万 t，较 2015 年提高 42.48%，城乡生活垃圾无害化处理率达 99% 以上。“十三五”期间，新增生活垃圾焚烧厂 23 座，新增焚烧能力 3.45 万 t/d，焚烧处理能力占比超过 80%，位居全国第一，徐州、南通、盐城、镇江、宿迁等 5 个设区市已实现生活垃圾全量焚烧。餐厨废弃物、厨余垃圾处理设施基本实现县级以上城市全覆盖，建筑垃圾资源化利用设施实现设区市全覆盖。

工业固体废物处置利用能力显著提升。截至 2020 年年底，危险废物集中处置能力达到 221.6 万 t/a（焚烧 166.5 万 t/a、填埋 55.1 万 t/a），是 2015 年的 3.9 倍，初步建成危险废物利用处置供需共享和自主选择平台，基本满足全省实际需要。危险废物产生、贮存、转移和利用处置的全过程监管持续强化，建立完善危险废物动态管理信息系统。启动新能源汽车动力蓄电池回收利用试点，综合运用水泥窑协同处置工业固体废物、污泥、飞灰等，全省一般工业固体废物综合利用率稳定在 90% 以上。2019 年，徐州市入选全国首批 16 个无废城市建设试点。

生态保护基础设施不断完善。加大生态空间保护力度，划定生态空间保护区域 2.32 万 km^2，占全省总面积的 22.49%。截至 2020 年，全省森林覆盖面积达 240.68 万 hm^2，省级以上生态公益林稳定在 38 万 hm^2；湿地保有量达 282.2 万 hm^2，建有各类湿地自然保护区 19 处、省级以上湿地公园 69 处、湿地保护小区 382 处，自然湿地保护率达 55.8%。开展生态安全缓冲区建设，实施省级山水林田湖草一体化保护和修复工程。率先在 14 个县域地区开展生物多样性本底调查与编目，初步构建江苏本土常见水生生物环境 DNA（eDNA）条形码数据库，建成太湖野外观测站、分子生物学监测实验室等平台。

专栏 3-8 无锡市小微危险废物集中收集试点

（一）实践起因

无锡市有近 8 400 家产废单位，其中年产废量 10 t 以下的小微企业 6 800 余家，超过总产废企业数的 80%，但产废量仅占全市总产废量的 1%。该类企业在危险废物贮存处置过程中普遍面临合同门槛高、运输费用高、专业要求高和仓库建设难、及时转移难、人员管理难的“三高三难”困境。由于涉及面广，当前管理模式和监管力量难以匹配管理需求，所以化解小微企业危险废物管理难题已成为完善危险废物监管体系不可缺失的一环。

（二）主要做法

调研分析，明确思路。为落实《省生态环境厅关于印发江苏省危险废物集中收集贮存试点工作方案的通知》（苏环办〔2019〕390 号），无锡市制定了《无锡市小微企业危险废物集中收集贮存方案》，明确收集试点单位准入标准，按照化零为整、直运处置单位、信息化监管的工作思路，借助智能包装桶和信息化收集平台，实现“全区域覆盖、全种类收集、全流程监控”的小微收集试点工作体系。为充分体现试点的公益性，并有力防范安全风险，无锡市优先选取危险废物集中处置单位、国有企业开展试点工作。

鼓励探索，共同推进。无锡市各地分别展开小微收集试点工作的探索，形成各有特色、共同推进的工作局面。无锡市 3 张小微企业危险废物收集许可证通过专家审核。在推进中把握 3 个方面原则：一是强化小微企业危险废物监管。按照《中华人民共和国固体废物污染环境防治法》和省厅 390 号文件，落实信息化全过程监管要求，压实企业主体责任。二是提升服务企业效率。由试点单位通过智能收集平台帮助企业实现危险废物申报、管理计划等规范化管理工作，并以阶梯收费方式让利于小微企业，减轻企业负担。三是增强危险废物风险防范能力。通过设置防爆柜、智能桶等标准化危险废物贮存设施，推进企业危险废物规范贮存、应收尽收并直运处置单位，有效降低危险废物管理风险。

明确目标，推广覆盖。将建设推广小微收集体系纳入各市（县）、区打好污染防治攻坚战目标任务书中，明确年内要实现全市小微收集体系全覆盖。通过月度安全生产例会和召开专题现场推进会，介绍典型做法，宣传和推广小微收集体系。在2021年的工作推进中，各地结合“厂中厂整治”“低效园区提升改造”“全生命周期系统培训推广”“汽修行业和废矿物油专项整治”等专项行动，印制“友情告知书”，编制“操作手册”，形成街道搭台、部门宣传、企业服务的推进方式，有力快速地推进小微企业纳入收集体系。

（三）实践效果

实现了“两个替代”，以智能收集设备替代危险废物仓库，信息化监管系统替代手工申报台账；“两个降低”，降低企业管理成本，降低环境安全风险。目前，全市已累计覆盖近1 800家小微企业，预计可为小微企业节约运输处置成本500余万元。“全智能收运、全过程留痕、全规范监管”和“国资兜底、智能便捷、精准管控、无微不至、转危为安”的无锡模式树立了全省危险废物管理的示范典型，试点工作得到省生态环境厅领导肯定，召开专题现场推进会推广介绍无锡经验。

3.8.2 生态环境监测监控能力建设

体制机制更加顺畅。顺利完成省级垂改任务，13个设区市环境监测机构和全部编制人员统一上收为省级管理，并较好地解决了工资福利、资金资产划转、外借人员返岗等问题，全面稳定了监测队伍；理顺省级监测机构职责关系，建立请示报告制度、工作例会制度，进一步规范了监测系统运行管理，有力提升了工作效率；完成海洋监测机构及编制人员的划转交接，与相关部门建立地下水、水功能区等监测数据共享机制，推动各项新划转监测任务的平稳过渡。

基础能力全面提升。环境质量自动监测站网规模空前，全省已建成联网的水质自动站792个，城市空气自动站115个，乡镇（街道）空气自动站1 279个，机动车遥感监测站点161个，基本实现全省重要水体、重点断面以及各级行政单元水、气自动监测的全覆盖；污染源监测监控网络不断完善，建成省级$PM_{2.5}$和VOCs网格化监测系统，建成监测、监控、应急、管理一体化的绿色园区云平台，建成覆盖13个设区市的辐射环境自动监测站，在全国率先开展重点排污单位用电、工况监控系统建设，推动近万家企业完成用电、工况监控设施安装联网；监测信息化水平明显提升，建立涵盖监测、监控、执法、执纪的生态环境大数据平台，完成环境质量自动监测数据、重点污染源在线监控数据、固定污染源基层信息以及其他各类环境管理平台相关数据的汇集整合，实现监测监控数据与异常预警信息的实时推送，极大提升了测管协同效能。

支撑效能日益凸显。深入开展空气、水、土壤、海洋、生态、噪声等要素环境质量监测与综合分析，及时编制各类监测报告和信息产品，不断加强污染来源解析、管控成效评估，为省委、省政府及各地治污攻坚提供了重要决策支撑。定期开展县（市、区）地表水环境质量排名工作，督促地方党委政府落实改善环境质量主体责任；在全国率先实现循环同化、双向反馈机制等的技术的业务化应用，全面提升了城市空气质量预报的时长和精度；建立一整套规范化的生物多样性监测技术与综合评价体系，为生物指标在流域水生态功能分区管控中的考评应用奠定坚实基础；完善污染源监测体系，组织开展重点行业自行监测质量专项检查及抽测，为环保督查和环境执法提供依据；构建形成覆盖全省主要核设施和辐射环境风险点的核与辐射环境监测网络，建成田湾核电站前沿监测基地、外围辐射环境陆域全方位预警监测网络，初步形成海陆空核与辐射应急监测能力，有力支撑核安全监管工作。

数据质量明显提高。推动《江苏省生态环境监测条例》出台，作为全国出台的第一部地方性监测法规，为依法监测、依规监测筑牢法律根基；实施全省生态环境监测质量监督检查三年行动计划（2018—2020 年），加强对社会监测活动的事中、事后监管；出台《江苏省生态环境第三方服务机构监督管理暂行办法（修订）》和《关于进一步加强排污单位自行监测质量管理的通知》，进一步规范第三方机构服务行为和排污单位自行监测工作；按照谁考核、谁监测的原则，完成省控水站、空气站事权上收；严肃查处国控、省控站点人为干扰事件，维护监测权威、确保数据质量。

队伍建设成效显著。队伍规模不断壮大，全省各级各类环境监测机构 400 余家，环境监测从业人员过万；队伍素质不断提升，省级监测机构高级专业技术人员比例超过 40.0%，培养出一批高层次人才与技术骨干，并蝉联两届（2010 年和 2019 年）全国环境监测专业技术人员大比武活动综合比武团体一等奖；队伍能力全面加强，省级监测机构能力覆盖水和废水、环境空气和废气、土壤和沉积物、生物生态、噪声振动等 12 大类、250 多个大项、1 130 多个小项，能全面系统开展环境质量、污染源、生态质量等各类监测业务；特色领域取得突破，省环境监测中心先后成立生态环境部华东区域质控中心、挂牌生态环境部卫星环境应用中心长三角分中心，并建成国家环境保护地表水环境有机污染物监测分析重点实验室，新一代卫星遥感数据接收、处理系统，太湖野外观测站基地，全国监测系统首个分子生物学监测实验室等一批特色项目，有机分析、生态遥感、生物多样性等部分领域的专业技术水平国内领先。

专栏 3-9　连云港市生态环保智脑建设

（一）实践起因

连云港市委、市政府高度重视生态环境工作，近年来全市上下以努力成为生态文明建设排头兵为目标，持续推进污染减排任务全面完成，环境质量总体保持优良。但由于连云港市发展与保护的矛盾依旧突出，继续保持环境质量优良的压力较大。为创新生态环境监管模式，推动连云港市环境保护与生态建设走在全国前列，应将生态环境打造成连云港市核心竞争力，建设连云港市生态环保智脑。

（二）主要做法

以建设和完善连云港市生态环境监测、监管、分析、决策为重点，全面加强大数据、物联网、云计算、人工智能等新技术在环境信息化建设中的应用。在全面建设生态环境感知网络基础上，整合生态环境部门和其他委办局数据，建设生态环境大数据资源中心，并搭建市县统一平台。逐步完善大气、水、土壤、生态等环境监管决策应用，实现环境监管、污染源管控、预测预警和分析决策科学化。为连云港市水气土整治、打好污染防治和生态环境保护的攻坚战与持久战提供强有力的技术支撑。

生态环保智脑的重点建设内容包括：

构建天空一体化监测体系，实现生态环境质量全面感知。完善生态环境物联感知体系，构建天空一体化监测网络，实现生态环境质量监测全覆盖。建成陆海统筹、省市协同、信息共享的生态环境监测网络，准确实时掌握全市生态环境质量状况，为改善环境质量、加强环境日常监管和监察执法提供强力的数据支撑。

构建污染源全过程管控体系，提升污染源监控能力。加强全市污染源监控能力建设，全面感知污染源企业生产和治污等过程数据。基于大数据深度挖掘、关联比对等技术手段，分析企业存在的运行不规范、数据造假等行为，实现自动监控与监察执法等业务的有机联动。加强机动车遥感监测，构建全市大气移动源“天地车人”一体化的遥感监测网络。建设工业园区生态环境监控系统，提升园区生态环境监控能力。

全面整合环境信息资源，充分挖掘数据价值。全面整合生态环境局和其他委办局的环保信息资源，实现环保数据资源全面汇聚与标准化，形成环保大数据共享开放工作机制与支撑体系。利用 GIS、云计算、大数据分析等技术手段，全面分析环境污染来源和污染贡献，评估和预测区域环境质量、污染影响的空间范围，精准溯源，为预警决策、靶向治理环境污染及开展区域联防联控工作提供数据支撑，为环境污染防治提供全面、集中、直观的多层次、多角度、开放灵活的科学决策手段。

构建市县一体化信息应用体系，服务生态环境垂直管理。构建市县一体化的信息应用体系，统筹全市环境监测监管、监察执法工作，为区县环保的日常工作提供强力信息化支撑，促进市生态环境局有针对性地指导下级单位工作，为生态环境的垂直管理提供信息化基础。

创新环保服务应用，提高政府服务能力。创新政府服务应用，为政府与企业、公众、运维单位提供信息化交流平台，畅通政府与社会沟通渠道，为全市环境治理工作打下坚实的社会基础，也进一步提高政府在生态环境领域的服务能力。

（三）实践效果

环保智脑平台以大数据平台为支撑，以监测数据为基础，以现场监察为重点，以严格执法为手段，打通监测—监察—执法一条线，实现管理流程在部门间的无缝衔接，完成了由“单一业务”到“多向融合”的模式调整，帮助连云港市形成各业务条块紧密衔接、管理决策精准科学、任务处理便捷高效的全生态闭环的环境管理机制。同时，通过构建以生态环境部门、企业、社会公众为多元主体的环境污染防治体系，形成环境问题社会共治的新局面。

3.8.3 环境风险防控能力建设

逐步健全一系列环境应急工作机制。发布《江苏省行政区域突发环境事件风险评估方法》《工业园区突发环境事件风险评估指南》，规范突发环境事件评估程序和方法。修订《江苏省突发环境事件应急预案》《江苏省生态环境厅突发环境事件应急预案》，明确环境应急预案编制备案具体要求。出台《江苏省突发事件生态环境应急工作程序规定》《江苏省突发环境事件环境损害评估规程》，细化突发事件应急响应工作程序，规范环境损害评估工作办法，环境应急全过程工作技术规范日趋完备。建立长三角地区跨界环境应急联动联席机制，推动部署跨界环境应急联动工作，并妥善解决泗洪洪泽湖受上游来水导致大量鱼蟹死亡等多起跨界污染纠纷。健全沿江八市环境应急联动机制，与海事、交通等部门联动机制，环境应急跨区域联防联控机制日益完善。

率先开展一系列环境风险防控工作。建立环境安全隐患排查整改常态化机制，推进企业环境安全达标建设和“八查八改”专项行动，推动重点环境风险企业数据库建设。“十三五”期间，排查全省近 5 000 家重点环境风险企业，整改环境安全隐患 7 000 余个，“八查八改”专家现场核查率达 95%以上，企业环境安全主体责任得到进一步落实。在全国率先推进行政区域突发生态环境事件风险评估工作，完成 13 个设区市及全部县（市、区）区域风险评估工作，绘制长江（江苏段）环境风险地图，研发水环境风险预警模拟业务化应用系统。积极开展重点流域“南阳实践”工作，选取太湖流域太浦河开展了“一河一策一图”应急处置试点项目，编制了《苏州市太浦河突发环境事件应急处置方案》，强化流域性突发水污染事件应急准备工作，区域（流域）风险防控能力进一步提高。

积极推进一系列应急能力提升举措。环境应急预案体系基本健全，13 个设区市政府专项及生态环境部门环境应急预案编制率 100%；66 个县区政府专项环境应急预案编制备案率达 90%以上；饮用水水源地应急预案备案率达 95%以上；化工园区及“涉危涉重”企业备案率 100%。政府、部门、饮用水水源地、园区和“涉危涉重”企业五类应急预案的电子化录入持续加强。环境应急演练实训机制基本完善，组织开展了“苏环 • 2020”“长安 1 号”等 4 次省级综合演练。积极推进江苏省环境应急实训演练基地建设，形成实训演练基地建设方案，并纳入部省共建内容。与省人社厅、总工会等部门联合开展首届全省环境应急技能比武竞赛，在全国率先开展县（市、区）级生态环境局局长环境应急培训班，完成全省环境应急管理人员首轮实训。

全面落实一系列环境应急保障措施。“十三五”期间，环境应急综合队伍建设初步完成，13 个设区市生态环境局登记备案环境应急处置队伍共 92 支，处置类型涵盖水体、危险化学品、固体废物污染等。在遴选 6 大组 307 名省级环境应急专家基础上，遴选 21 名专家组建核心专家组，环境应急专家的支撑作用得到全面加强。建成 6 个省级环境应急物资储备基地，确定 10 家省级环境应急救援技术中心合作单位。初步建成了专业化与社会化相结合、自储备和代储备相匹配的环境应急物资储备体系，并制定了江苏省环境应急物资储备基地物资管理规定，环境应急物资储备体系初步建立。

3.8.4 服务高质量发展能力建设

坚持“依法依规监管、有力有效服务”，省生态环境厅出台《全省环保系统服务高质量发展的若干措施》，围绕产业结构、区域污染防治能力、环境要素资源配置等 10 个方面，充分发挥环保职能作用。省委、省政府出台《关于促进民营经济高质量发展的意见》，提出营造公平市场环境，降低民营企业负担，畅通企业融资渠道，增强科技创新能力，提升民营企业实力，构建“亲”“清”政商关系，健全服务保障体系，保护企业合法权益等 8 项重点任务 30 条具体举措，着力营造民营企业发展的良好环境。省生态环境厅联合省台办制定《关于服务台企绿色高质量发展的若干措施》，涵盖维护良好环境秩序、落实信任保护原则、优化环评审批服务、执行绿色激励政策、强化环保科技服务、完善沟通协调机制六大方面，为台企落实环保政策、加快绿色转型提供有力保障。省生态环境厅制定《搭建“绿桥”服务外资企业高质量发展工作措施》，从精准了解外企需求、优化环评审批服务、注重政策正向激励、严格执法监督管理、开展外企专场服务、畅通网络服务渠道、健全常态服务机制、加强环境政策宣贯、强化环保科技服务、大力培育先进典型等 10 个方面，服务驻苏外企高质量发展。

为统筹做好疫情防控和经济社会发展生态环境工作，省生态环境厅发布了《江苏省生态环境厅印发关于应对疫情影响支持企业复工复产若干措施》，围绕开通绿色审批通道、优化环境监督管理、深化信任保护原则、加强财税金融支持、精准调配要素资源、主动做好帮扶服务等 6 个方面，提出 18 条具体举措，全力支持企业复工复产。省生态环境厅发布了《关于在生态环境监督管理过程中加强企业产权保护的意见》，从政策法规、环境监管、行政执法、监察督办、信息公开和支援救助等 6 个方面，提出 23 条加强企业产权保护的意见，基本覆盖了目前社会关注的企业产权方面的热点、焦点问题，依法、平等、全面、精准、有效保护企业产权。为帮助企业发现问题，提出解决方案，调动各方积极性，提升产业竞争力，实现与环境友好发展。省生态环境厅从 2018 年 10 月开始，要求省、市、县三级，把每月第四周的周四定为全省统一的“企业环保接待日”，累计帮助 2 800 家企业解决 3 700 多项治污难题；2018 年年底建立“厅市会商”机制，立足地方高质量发展，省生态环境厅领导班子先后赴南京、连云港、淮安、徐州、南通送服务上门，精准帮扶，帮助各地解决了一批重大项目落地、环境基础设施建设和污染防治难题，赢得了地方的普遍欢迎。省生态环境厅、工商业联合会、省地方金融监督管理局、省财政厅等部门联合举办环保项目银企对接会，促成 159 家企业的 185 个项目达成合作协议，意向融资 169 亿元。举办“2019 国际生态环境新技术大会”，为近万家企业提供咨询服务。

为深化生态环境领域改革，体现环保信任保护，完善正向激励机制，大力提高企业治污水平，江苏省大气污染防治联席会议办公室根据《江苏省企业环保信任保护原则实施意见（试行）》，对原豁免办法进行了修订，形成《江苏省秋冬季错峰生产及重污染天气应急管控停限产豁免管理办法》。该办法明确，污染排放水平明显好于同行业其他企业或者涉及重大民生保障的企业，在确保符合环境管理要求和达标排放的前提下，在江苏省执行秋冬季错峰生产计划时，免予执行停产、限产，或者在重污染天气应急管控过程中，原定预警响应级别要求停产的，免予执行停产，按照最低限产比例执行限产。已对 1 280 家企业、1 212 个工地实施停限产豁免。2019 年 12 月底，省生态环境厅会同科技厅、商务厅研究制定了《江苏省产业园区生态环境政策集成改革试点方案》，围绕优化环境准入管理、实行最严格的生态环境监管、统筹推进园区污染治理、完善支持绿色发展有效措施等 4 个方面出台了 16 项改革举措，并在全省自贸区、国家级产业园区、南北共建园区、省级开发区以及县级工业集中区中选择了 10 家开展试点。10 个试点园区高度重视，各园区均成立了集成改革工作专班，出台了配套的改革细化方案，落实专人负责改革协调工作。明确路线图、任务书、时间表，一项一项抓推进、一项一项抓落实，在解决项目落地、治理成本高、环保基础设施、执法监管、精细化管理等改革难题上取得初步成效。

专栏 3-10　淮安市金湖县环境准入红绿灯制度

（一）实践起因

为落实绿色发展要求，抢抓长三角一体化发展、淮河生态经济带、大运河文化带等国家重大战略机遇，金湖县持续深化项目环境准入制度改革，从产业转移速度与县域环境相容性角度出发，创新建立环境准入“红绿灯”制度，有效促进县域生态环境稳中向好。

（二）主要做法

建立三色准入名录机制。梳理出国家、省、市明令禁止的，近年来金湖县否决的，不符合金湖空间管控要求的项目，建立“红灯”项目建议名录 22 类，禁止进入；梳理出属于上级限制类但符合金湖产业链发展方向的、园区规划未明确禁止但对环境影响较大的项目，建立“黄灯”项目建议名录 14 类，限制进入；梳理出上级文件鼓励发展、环境治理类和符合园区产业政策的项目，建立“绿灯”项目建议名录 10 类。

创新项目准入审查模式。在全县划定优化开发、重点（适度）开发、限制开发、禁止开发 4 个适用区域等级，项目经审批部门立项后，生态环境部门对照省市“三线一单”和适用区域等级，提前介入进行选址审查。同时，依托三色准入名录机制，判断项目是否准入，并将申报项目单位及个人纳入征信系统进行后续跟踪管理，形成“选址甄别+项目审查+信用跟踪”的管理模式。

明确三类准入审批标准。项目经过选址甄别和准入识别之后，进行分类审批。“红灯”项目，由政府广泛告知，企业在备案时自行承诺不属于该类型项目，如企业虚假承诺，生态环境部门 6 个月内不再受理其环评申请；“黄灯”项目，严格按照规定程序开展审批，加强管理；“绿灯”项目，压缩审批环节，减少材料要求，尽快从简审批，加快项目落地。

（三）实践效果

环境准入红绿灯制度为金湖县合理合规地确定环境准入门槛提供依据，为推动金湖县高质量发展奠定基础，相关经验做法被评为 2020 年度全省“十佳环境保护改革创新案例”。

3.9　经验总结与存在问题

一是形成了一套“环评审批—排污许可管理—监测监控—执法监管—企业帮扶—规范执法—信用保护”的激励约束并举的污染源管理政策体系。在环评审批环节，严格源头防控，坚持“三线一单”的分区管控，强化规划环评和项目环评联动，坚决防止不符合环保要求的项目落地；推进“放管服”改革，优化环评审批程序。针对园区管理，开展产业园区生态环境政策集成改革试点。在排污许可环节，完成全省排污许可证核发，加强排污许可证核发和证后监管，强化涉变项目环评与排污许可管理衔接。在监测监控环节，构建全联全控的自动化监测监控网络，建成污染防治综合监管平台、土壤污染监管信息平台、危险废物全生命周期监控系统，上线运行“环保脸谱”系统，为精准执法监管提供有效抓手。在执法监管环节，开展执法规范化、精准化建设，制定“543”工作法和现场执法“八步法”，建立“执法重案机制”，开展“水平衡”“废平衡”专项执法，“锦囊式”暗访执法，强化行政执法与刑事司法联动，深化生态环境损害赔偿制度改革。在企业帮扶环节，建立“企业环保接待日”制度，在环境监管中切实加强企业产权保护。在信用保护环节，对排污达标企业，建立守法自律企业环保信任保护机制，予以管控豁免、金融支持等正向激励。

二是形成了以监测监控、风险防控、督查督办、法规标准、科技创新和服务高质量为基础的生态环境治理能力支撑体系。全面推进全省监测、监察、执法、应急等队伍规范化建设和管理工作，利用5G等新技术提升监测监控、执法监察、风险防控能力，打造了一支现代化的生态环境保护铁军队伍；强化法规标准和科技创新支撑，制定的法规和标准覆盖水、气、土、固体废物、信息化管理、企业与园区管理等多个领域，为科学精准治污提供有效支撑；服务高质量发展水平不断提升，强化生态环境基础设施建设，出台支持企业复工复产等18条惠企政策，完善环保帮扶机制，率先建立重污染天气应急管控停限产豁免机制。

尽管江苏省生态环境治理现代化建设取得了一定成效，但生态环境质量与经济发展水平、治理体系与新发展理念、治理能力与现代化要求还不相匹配，与美丽江苏建设的目标还有差距，存在以下方面的问题：

一是生态环境质量与经济发展水平不匹配。从国内看，江苏省生态环境质量在长三角地区位次靠后，优良天数比率低于全国平均水平，与广东、上海、浙江等先进省市有较大差距。从国际看，江苏省与韩国在经济体量、土地面积、能源消费总量等方面大致相当，重化产业都是支柱产业，但生态环境质量差距较大，例如，2020年江苏省 $PM_{2.5}$ 浓度为 38 $\mu g/m^3$，刚达到世卫组织第一阶段标准（38 $\mu g/m^3$），而韩国 $PM_{2.5}$ 浓度为 19 $\mu g/m^3$，已达到世卫组织第二阶段标准（25 $\mu g/m^3$）。

二是生态环境治理体系与新发展理念不匹配。部分地方政府“唯GDP”思想仍存在，铺摊子、上项目的冲动不减，在国家提出碳达峰、碳中和目标后还试图“冲高峰”，对低碳绿色发展缺乏系统规划。生态环境承载力约束机制尚未建立，“三线一单”优化引导效能有待进一步发挥，生态产品价值实现机制处于起步探索阶段，生态保护和修复系统性不足。环境管理以行政手段为主，市场化机制不完善，价格、财税、金融等环境经济政策未能有效发挥作用。社会共治体系不完善，企业主体责任落实不够，社会公众参与度还不高。

三是生态环境治理能力与现代化要求不匹配。城乡生活污水收集处理、工业废水收集处置、固体废物利用处置仍然存在缺口，相较于韩国 94%的城市污水收集率，生活污水收集和处理效能需进一步提升。清洁能源供给能力不足，单位国土面积耗煤量是全国平均水平的 6 倍左右，非化石能源消费占比低于全国平均水平。生态环境监测感知体系不健全，污染溯源能力还不强，环境监测监管与信息化建设水平有待提升。科技支撑能力尚显不足，减污降碳协同增效、$PM_{2.5}$ 和臭氧协同控制、重点流域综合治理、应对气候变化等科技攻关仍需加强。

第 4 章　江苏省生态文明治理体系和治理能力现代化形势研判

4.1　社会经济发展趋势分析

4.1.1　经济增长趋势预测

受新冠肺炎疫情影响，2020 年江苏地区生产总值增速为 3.7%，随着积极应对新冠肺炎疫情影响和内风险挑战，2021 年上半年，全省经济运行稳健复苏并渐趋常态，地区生产总值两年平均增长 6.9%。根据《江苏省国民经济和社会发展第十四个五年规划和二〇三五年远景目标纲要》，2025 年全省地区生产总值年均增长率为 5.5%左右。考虑到疫情影响、碳达峰碳中和、新一轮技术革命等因素，综合判断“十四五”江苏年均增长率为 5.0%～6.0%：在基准情景下，即 GDP 增长率为 5.5%，到 2025 年地区生产总值预计 137 332 亿元；在乐观情景下，即 GDP 增长率为 6.0%，到 2025 年地区生产总值达到 141 284 亿元；在悲观情景下，即 GDP 增长率为 5.0%，到 2025 年地区生产总值预计 133 473 亿元（图 4-1）。

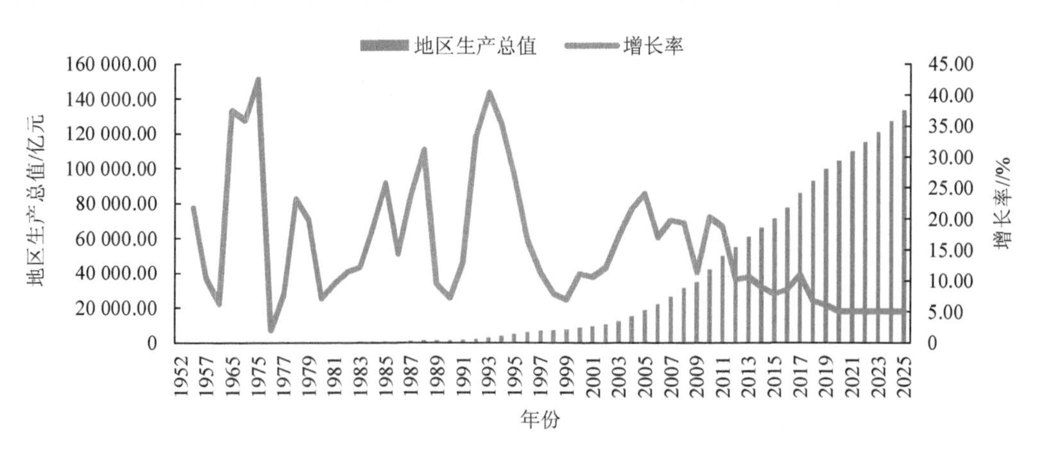

图 4-1　江苏省 1992—2025 年 GDP 变化趋势

根据以上预测，到 2025 年江苏省人均 GDP 预计达到 2.1 万～2.5 万美元，相当于发达国家 20 世纪 90 年代中后期水平。对标发达国家水平，当人均 GDP 达到 2 万美元，三产比例基本达到 60%。综合预测，江苏省 2025 年三产比例达到 55%左右（表 4-1）。

表 4-1　江苏与部分发达国家同发展阶段人均 GDP 及三产结构

地区	人均 GDP/万美元	对应年份	三产比例/%
江苏	2.1～2.5	2025	55
美国	2.44	1991	73.7
英国	2.47	1997	69.4
德国	2.33	1991	63
日本	2.46	1988	63.8
韩国	2.42	2011	60.2

4.1.2　人口及城镇化趋势预测

人口总量。1991—2019 年，江苏省常住人口增长率由 0.98%降低至 0.24%，自 2012 年开始一直保持在 0.24%～0.38%，“三孩”政策实施可能将带来人口增长波动，但“十四五”期间仍将保持这一趋势（图 4-2）。

城镇化率。2020 年常住人口城镇化率达到 72%，2001 年以来每五年平均上升 5%左右，预计到 2025 年城镇化率将达到 75%。

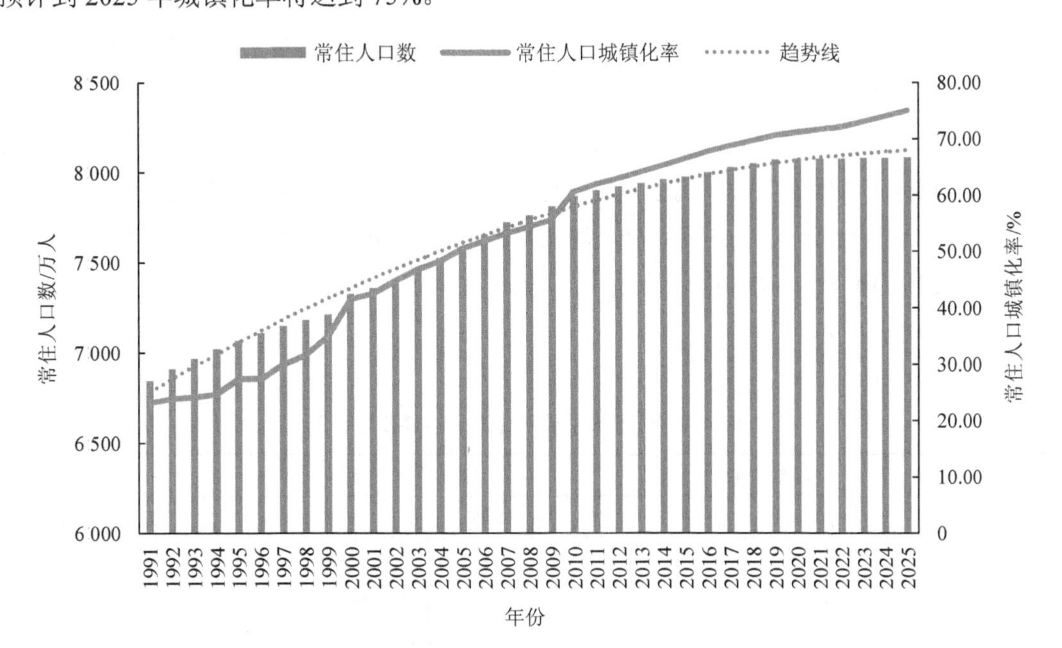

图 4-2　江苏省人口及城镇化率变化趋势

4.1.3　主要工业产品趋势预测

2011—2020 年，江苏省生铁、粗钢、钢材、水泥、火电、原油加工等重化工产品产量分别增长了 30.21%、43.52%、33.39%、2.70%、14.46%、30.59%，其中主要增长产生于 2011—2014 年，2015—2020 年呈现缓慢增长或下降趋势（图 4-3）。

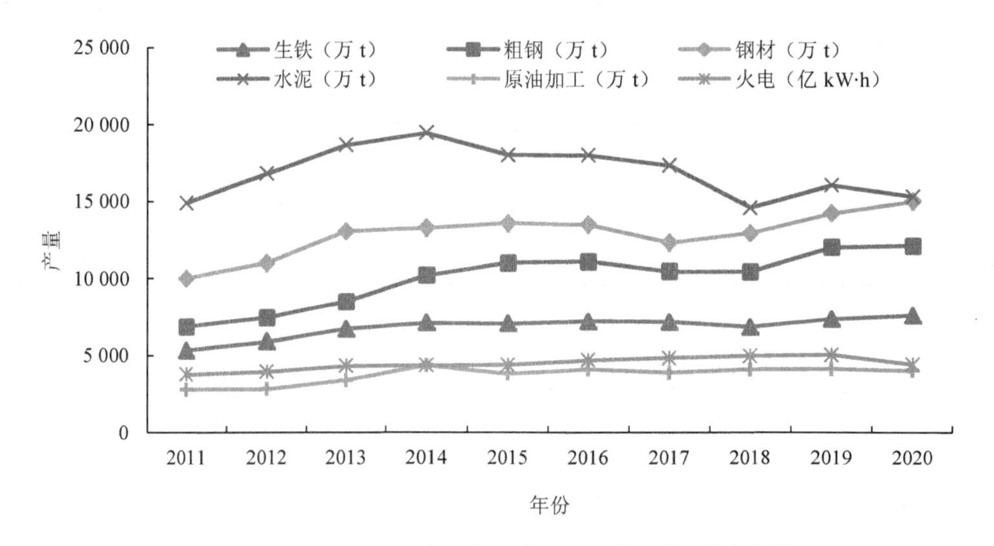

图 4-3　2011—2020 年江苏省主要工业产品产量变化趋势

美国、德国、法国、英国等发达国家在重化工产品平台期一般长达 10～20 年。依据国家重点工业产品产量发展趋势，结合江苏省社会经济发展需求以及对重点行业发展管控要求，预测全省化工快速发展势头基本趋缓，主要重化工产品产量进入峰值平台期，其中钢铁于 2020 年达到平台期，平台期为 5～10 年；水泥于 2014 年已经达峰，随着城镇化进程变缓，预计“十四五”期间仍会呈现平稳下降趋势，到 2025 年将会维持在 1.4 亿～1.6 亿 t；原有加工量预计在 2025 年达峰，峰值平台期约为 10 年；火电虽然在 2019 年呈现小幅下降，但近 10 年均呈现持续增长态势，预计到 2025 年基本达峰，峰值平台期长为 5～10 年（表 4-2、图 4-4）。

表 4-2　江苏省主要工业产品达峰及平台期

产品名称	达峰时间	峰值产品产量	平台期长
钢铁	2020 年左右	生铁 0.7 t、粗钢 1.1 亿 t、钢材 1.4 亿 t 左右	5～10 年
水泥	2014 年左右	水泥 1.9 亿 t 左右	平稳下降
石化	2025—2030 年	原油加工量 2.5 万 t 左右	10 年左右
火电	2025—2030 年	火电发电量 5 000 亿 kW·h	5～10 年

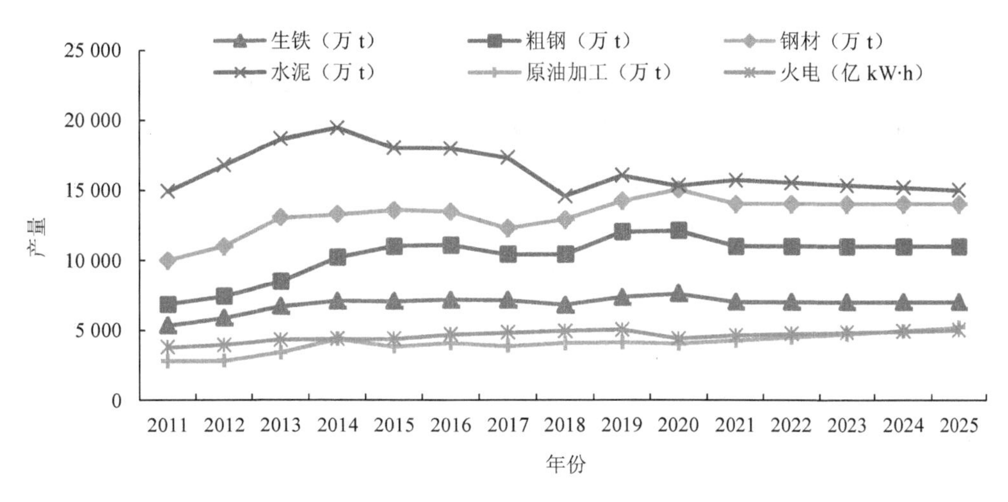

图 4-4　重化工产品产量增长趋势预测

4.1.4　资源能源消费趋势预测

（1）能源消费

能源消费总量。1990—2019 年，江苏省能源消费总量由 5 509 t 标准煤增加至 32 193 t 标准煤，2000—2010 年，是江苏经济快速发展、能源需求量增长速度明显加快阶段，能源消费总量年均增速达到 12.3%，其中，2000—2005 年，能源消费总量增长速度超过 20%，增长幅度为历史之最。自 2010 年开始，能源消费总量进入缓慢增长期，2019 年较 2010 年仅累计增长 24.9%，年均增长不足 3%（图 4-5）。由国家高端智库试点单位——中国石油经济技术研究院发布的《2050 年世界与中国能源展望》报告指出，在经济结构调整和控制能源消费总量政策影响下，中国能源消费将在 2035 年前后达到峰值。

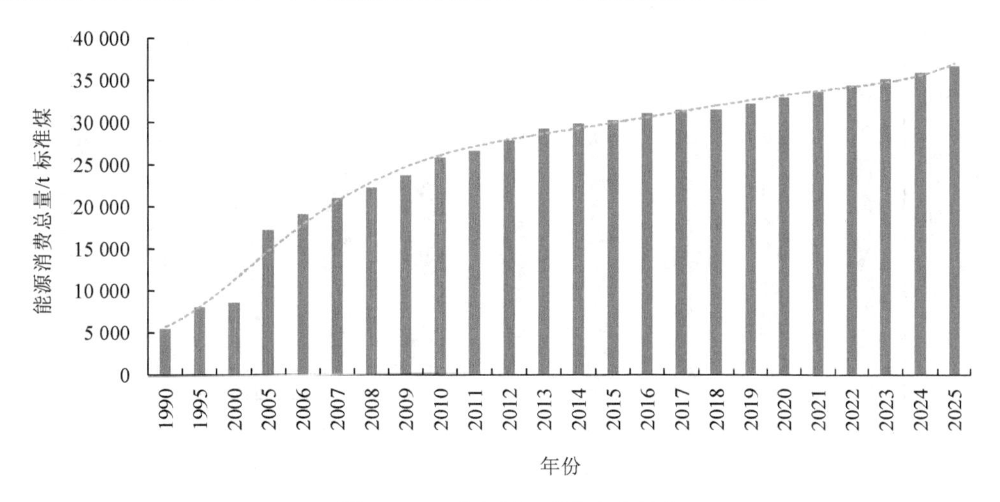

图 4-5　江苏省能源消费变化趋势

能耗强度。2010—2019 年，江苏省单位 GDP 能耗呈现逐年下降趋势，年均下降率达到 5.79%，累计下降 50%左右，超额完成国家下达指标，其中 2010—2015 年下降 35%，2019 年较 2016 年下降 18.2%，近两年下降幅度明显收窄（图 4-6）。根据长三角共同保护规划，到 2025 年单位 GDP 能耗要下降 10%，江苏省 2025 年单位 GDP 能耗要下降至 34 t 标准煤/万元以下，根据此目标，综合判断江苏省“十四五”能源消费仍有所增长，结合趋势判断到 2025 年能源消费总量约为 3.6 亿 t 标准煤。

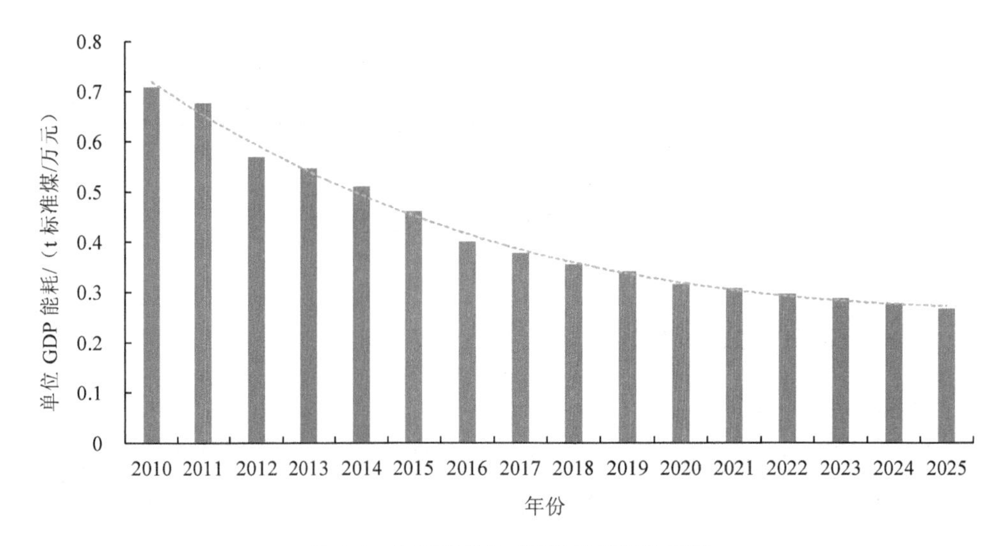

图 4-6 江苏省单位 GDP 能耗变化趋势

（2）水资源消费

根据江苏省水资源公报，江苏省水资源利用总量呈现下降趋势，2010—2019 年，江苏省水资源利用总量由 552.2 亿 m^3 降低至 493.4 亿 m^3，年均降低达到 10.65%（图 4-7）。

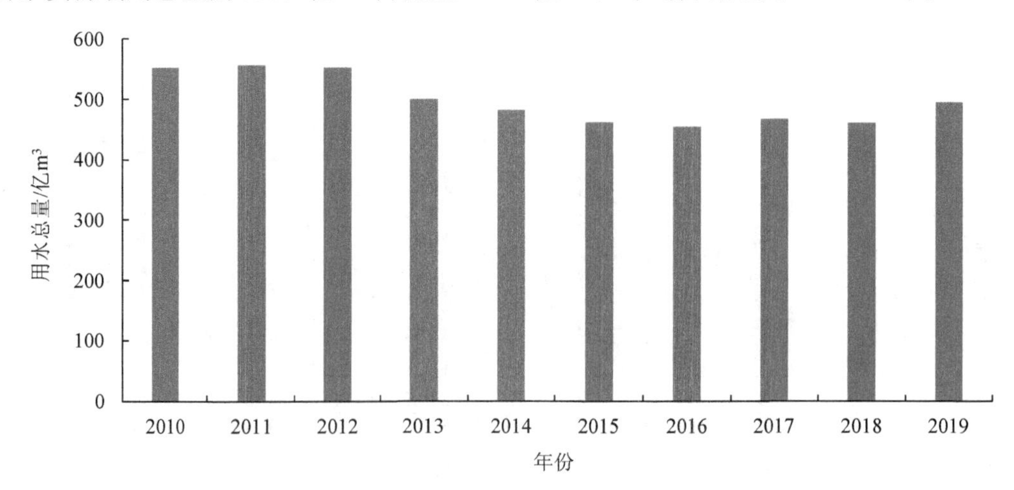

图 4-7 江苏省用水量变化趋势

2019 年，全省单位 GDP 用水量为 49.5 m^3/万元，明显低于全国平均水平 18.6%，较 2010 年下降近 63 个百分点，年均降幅达到 12%。与当前发达国家相比水耗强度相当，与浙江、上海两地相比仍有较大差距，与世界最先进水平（瑞士、德国、以色列）相比，存在差距，这表明江苏省节水仍有较大空间，根据趋势预测，“十四五”单位 GDP 水耗预计年均下降 5%左右，2025 年达到 35 m^3/万元，达到上海、浙江水平（图 4-8、表 4-3）。

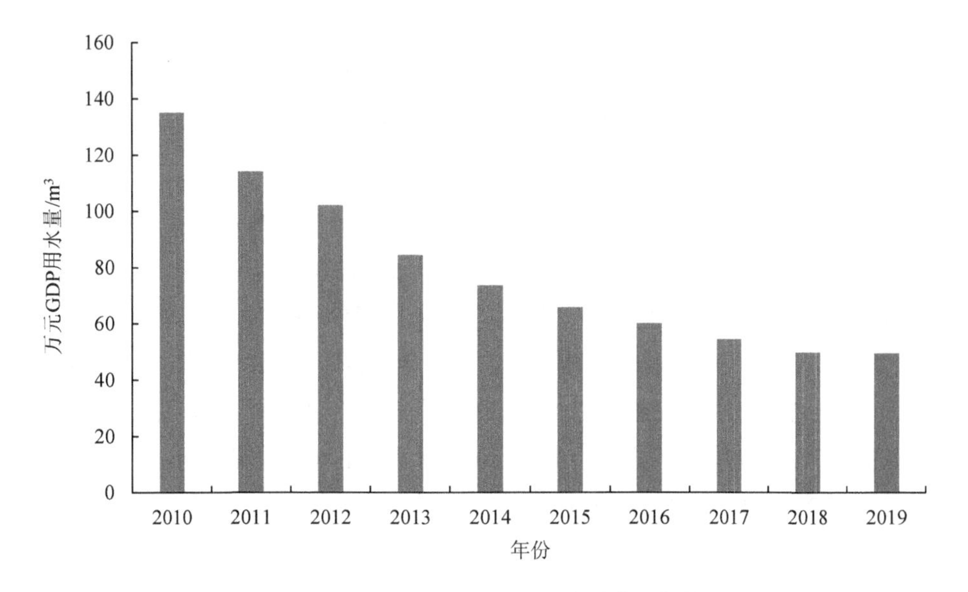

图 4-8　江苏省单位 GDP 用水量变化趋势

表 4-3　江苏省与发达国家单位 GDP 用水量差距

国家和地区	单位 GDP 用水量/（m^3/万美元）	差距/倍	单位增加值用水量/（m^3/万美元）
江苏	320.5	—	232
澳大利亚	105	3.05	89
加拿大	344	0.93	743
法国	113	2.84	487
德国	97	3.30	344
以色列	100	3.21	23
日本	165	1.94	88
瑞士	52	6.16	121
美国	403	0.80	1177
世界（2009）	711	0.45	—

4.2 污染排放和生态环境质量变化趋势分析

4.2.1 污染排放变化趋势

根据钱纳里、赛尔奎等工业化阶段划分，江苏省用了不到 20 年时间就基本完成了发达国家 100 年完成的工业化进程，同时也积累了多个经济发展阶段的环境问题。2019 年全省三次产业结构比重为 4.31∶44.43∶51.25，人均 GDP 已达到 1.90 万美元，相当于欧美发达国家 20 世纪 90 年代经济发展水平。

对 1999—2019 年的大气污染物排放量进行分析，全省 SO_2 排放量在 2001—2006 年出现持续增加趋势，在 2006 年达到峰值后持续下降，在 2016 年 SO_2 排放量首次低于 2001 年。2018 年、2019 年较 2006 年分别下降了 77.68%和 78.99%。NO_x 排放量自 2011 年开始监测后持续下降，2019 年降至 65.59 万 t，较 2011 年下降了 57.29%。烟（粉）尘排放量在 2000—2010 年变化幅度不大，在 2011 年和 2015 年分别出现一次大幅度的攀升，2015 年达到峰值，自 2016 年开始出现持续下降。2016 年、2017 年和 2018 年较 2015 年分别下降 14.30%、38.23%和 56.42%（图 4-9）。

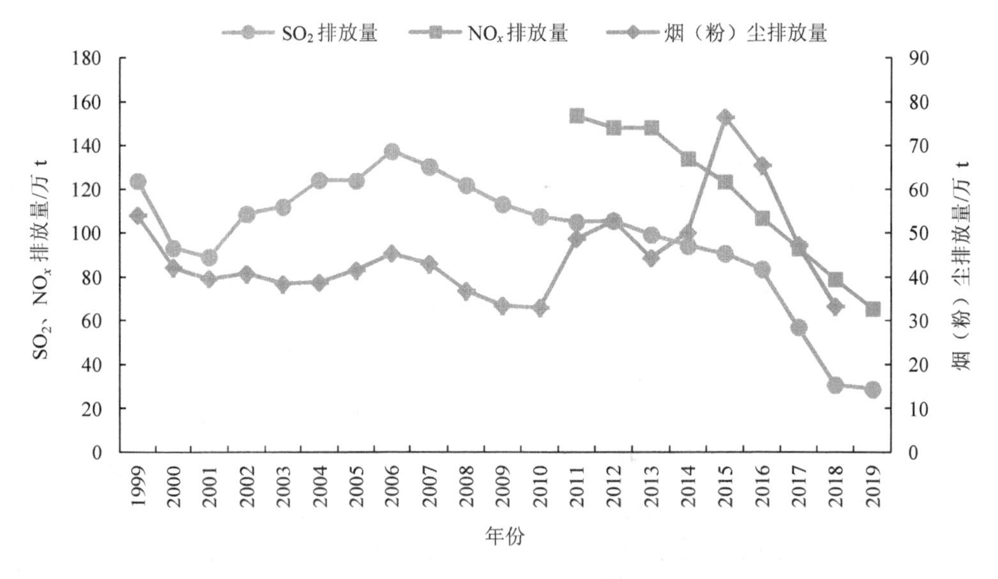

图 4-9 1999—2019 年江苏省三项大气污染物排放量变化情况

1995—2019 年全省水体污染物的排放量中，全省 COD 和 NH_3-N 排放量趋势相似，在 2006 年和 2011 年均发生大幅度增加。2007 年 NH_3-N 排放量出现进入 21 世纪以来的首次下降。2011 年 COD 和 NH_3-N 排放量均达到峰值，后持续降低。2016 年 COD 和 NH_3-N 的排放量下降幅度最大，较 2015 年分别下降了 35.09%和 30.21%。2019 年 COD 和 NH_3-N 下降速度放缓，较 2011 年分别下降了 46.69%和 40.84%（图 4-10）。

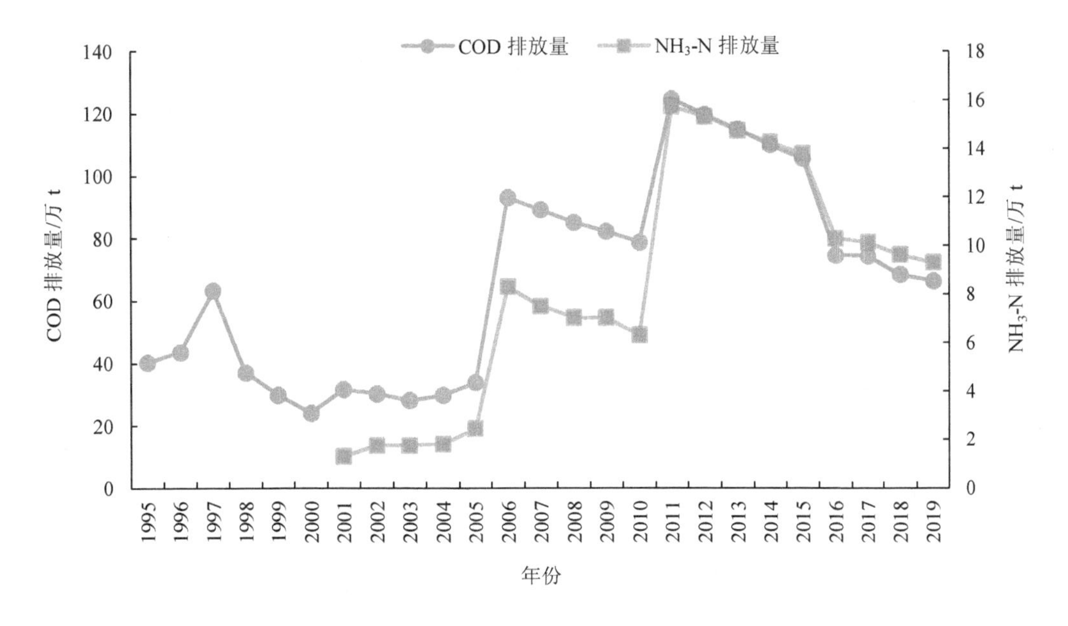

图 4-10 1995—2019 年江苏省 COD、NH_3-N 排放量变化情况

根据环境统计数据，全省 SO_2 排放量已于 2006 年达到峰值，对应的人均 GDP 为 5 308.61 美元，2017 年较 2006 年下降 58.49%，年均削减 12.75%。COD、NH_3-N 以及 NO_x 排放总量在 2011 年出现拐点，对应的人均 GDP 为 9 564.22 美元，2019 年较 2011 年分别下降 46.69%、40.84%和 57.29%，年均下降率分别为 7.11%、6.02%、9.93%；烟（粉）尘排放指标在 2015 年出现拐点，2017 年较 2015 年下降了 38.23%。综合判断，全省常规污染排放指标已出现拐点并持续削减，总体上正处于跨越“峰值”并进入下降通道的“转折期”（表 4-4）。

表 4-4 江苏省主要污染物排放峰值时点

污染物	达到峰值时间点的相关指标			2019 年排放量与峰值相比的降幅/%
	时间	人均 GDP/美元	排放量/万 t	
SO_2	2006	5 308.61	137.34	78.99
NO_x	2011	9 564.22	153.57	57.29
烟粉尘	2015	13 660.94	76.37	56.42（2018 年）
COD	2011	9 564.22	124.62	46.69
NH_3-N	2011	9 564.22	15.72	40.84

4.2.2 环境质量变化趋势

全省平均空气优良率在 2012 年以前处于 88%～92%，2013 年出现下降，主要是由于《环境空气质量标准》（GB 3095—2012）中增设了 $PM_{2.5}$ 的浓度限值。2016—2019 年的空气优良率均保持在 68%以上。2019 年全省空气优良率达 71.3%，较 2013 年上升了 11 个百分点。

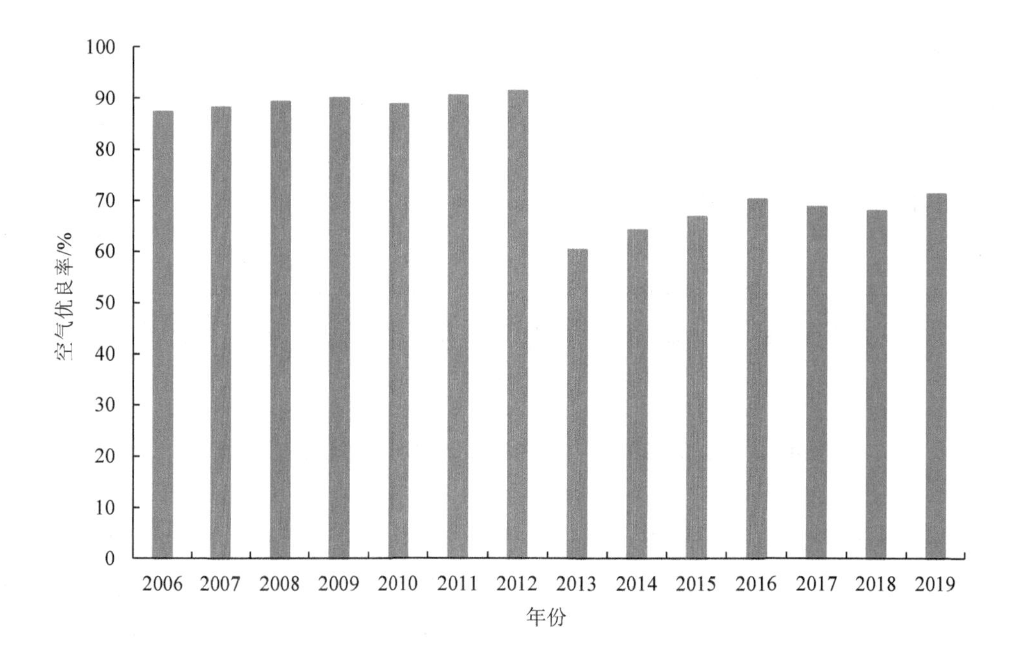

图 4-11 2006—2019 年江苏省空气优良率变化

从各项大气污染物指标上看，2001 年以来 SO_2、PM_{10} 和 $PM_{2.5}$ 浓度整体呈显著下降趋势，臭氧和 NO_2 浓度则下降不显著。其中 SO_2 浓度 2007 年达到峰值，自 2014 年起下降明显。2019 年 SO_2 浓度为 9 μg/m^3，达到了国家标准（60 μg/m^3），较 2007 年下降了 80.43%，年均削减 13.78%。PM_{10} 和 $PM_{2.5}$ 自 2013 年以来持续下降，2019 年的浓度分别为 70 μg/m^3 和 43 μg/m^3，较 2013 年分别下降 39.13%和 42.10%。但 $PM_{2.5}$ 仍未达到国家标准（35 μg/m^3），是江苏省的主要污染物。NO_2 在 2013 年升至峰值 41 μg/m^3，其余年份均符合国家标准的 40 μg/m^3。臭氧自 2013 年开始监测以来呈现上升趋势，2019 年较 2018 年有所降低，为 173 μg/m^3（图 4-12）。

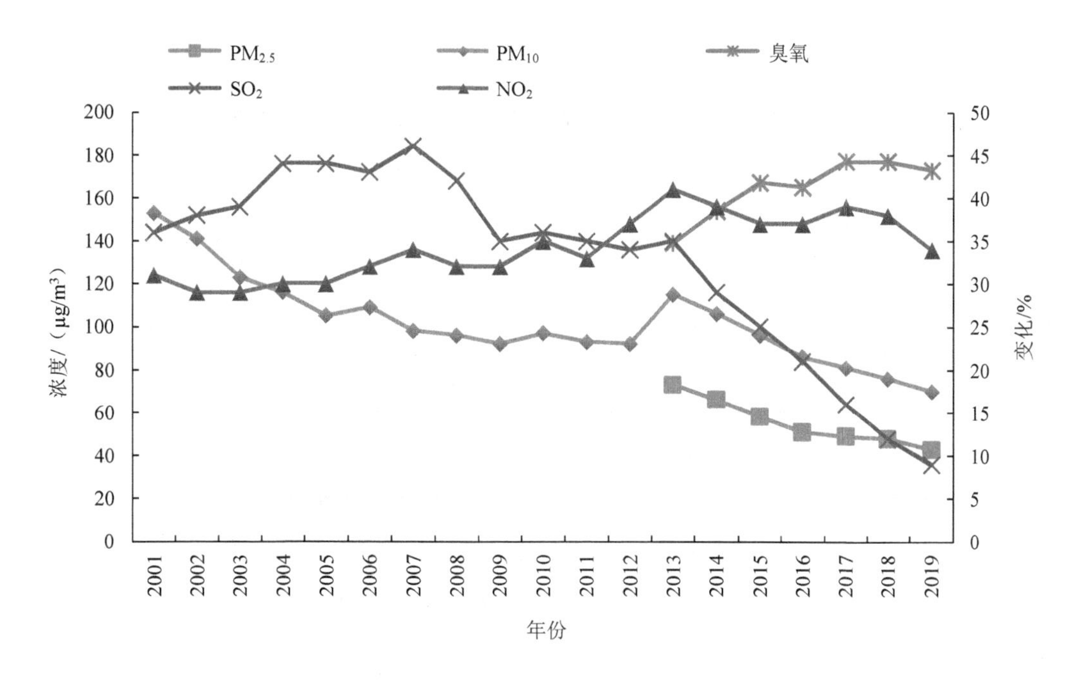

图 4-12　2001—2019 年江苏省大气污染物浓度变化

2009 年以来，江苏省好于Ⅲ类的断面数量呈持续上升趋势，2019 年断面水质优良比例为 77.9%，较 2009 年上升 32.4%。劣Ⅴ类断面数量下降，2019 年已无劣于Ⅴ类断面（图 4-13）。

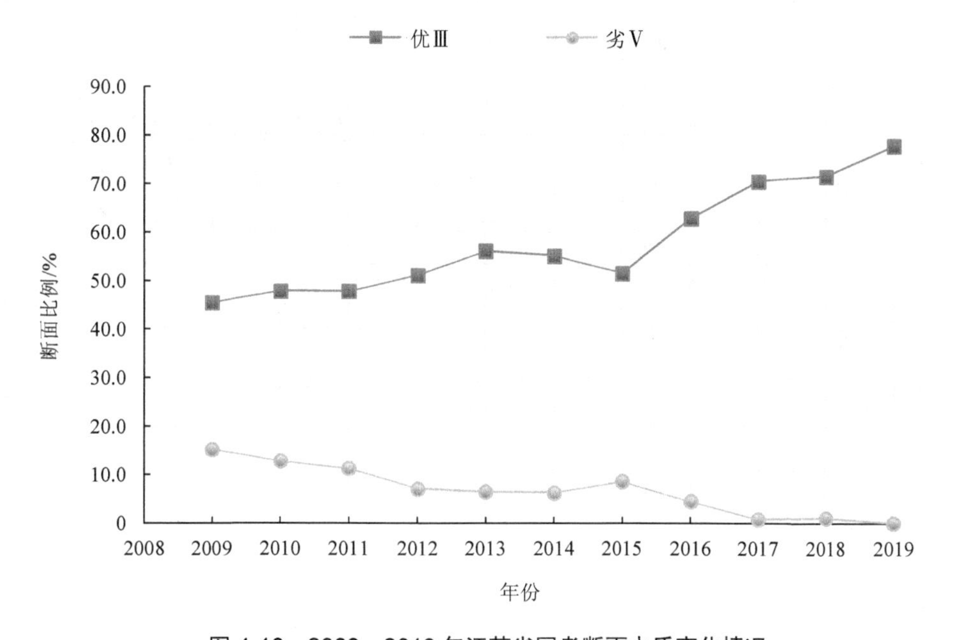

图 4-13　2009—2019 年江苏省国考断面水质变化情况

从全省空气质量改善情况分析，SO_2浓度下降明显，但NO_x、$PM_{2.5}$、O_3改善态势不明显，环境质量改善幅度明显低于主要污染物下降幅度。从水环境质量改善情况分析，由于环境污染具有一定的累积效应，虽然全省常规污染物排放拐点已经到来，但仍远远高于环境可承载的排放量，加之目前没有纳入总量控制和监测的污染物（如挥发性有机物、氨等）依然在持续增加，未达到峰值，这意味着目前处于各种污染物叠加的高排放总量的平台期，因此该阶段也是环境质量状态最为复杂的时期，新老环境污染相互交织更进一步加重了环境质量改善难度和不确定性。

发达国家经验表明，要达到环境质量改善拐点，即环境质量全面达标，还需将主要污染物从排放峰值削减至环境承载力范围内。美国、英国、欧洲、日本在达到 SO_2、NO_x、VOCs 峰值后，通过制定更加严格的环境治理措施，污染排放总量平均削减了 60%～90%，将污染物排放控制在环境承载范围内，实现了环境质量全面改善。对比发达国家同期（即 20 世纪 90 年代）环境空气环境质量，江苏省现阶段 SO_2浓度与发达国家基本持平，NO_x好于发达国家，但PM_{10}年均浓度为部分发达国家的 1.6～4 倍，$PM_{2.5}$年均浓度为发达国家的 2～3 倍（表 4-5）。因此要实现环境质量改善还需在精准减排方面持续发力。

表 4-5　主要发达国家和地区大气污染物排放峰值时点比较

污染物	国家和地区	峰值			近期排放量/万 t	降幅/%
		时间	人均 GDP/美元	排放量/万 t		
SO_2	美国	1974 年	7 242	2 714	509.7（2012 年）	81.3
	英国	1968 年	1 896	637	38（2013 年）	94
	欧洲	20 世纪 70 年代	1 914～7 240	—	—	—
	日本	1965—1974 年	1 220	—	—	—
NO_x	美国	1994 年	27 777	2 301.2	1 116（2012 年）	56
	英国	1989 年	15 757	287	103（2011 年） 102（2013 年）	64
	欧洲	20 世纪 90 年代	15 348	—	—	—
	日本	2002 年	31 236	—	—	—
VOCs	美国	1970 年	5 247	2 747.9	1 422	48.2
	英国	1990 年	18 633	270	75	72
	欧洲	1990 年左右	15 348	—	—	—
	日本	—	25 124	—	—	—

资料来源：生态环境部环境规划院相关研究成果总结。

4.3 新冠疫情影响分析

4.3.1 经济影响分析

在国内疫情暴发阶段，主要经济指标明显下滑，对产业链全球化的制药、半导体、汽车制造等行业，以及强烈顺周期的能源行业造成较大影响；对旅游、交通运输、餐饮等行业造成直接冲击。根据南京大学郑江淮教授 2020 年 2 月对江苏省 13 个地市 16 个行业的受影响情况进行的问卷调查，疫情影响对于劳动密集型行业的影响最明显，在行业层面，物流服务业、信息服务业、电子行业七成以上的受访企业反映行业处于困境；其次是纺织行业、电器行业、轻工行业；从企业层面来看，外资企业、小微企业受到的冲击最大。在疫情影响表现方面，疫情对企业的具体影响主要体现在限制开工、订单下降、人工成本负担过重、供应链中断、人员不足等风险[79]。

但是疫情得到控制后，传统行业强势复苏。根据地区生产总值统一核算结果，前三季度全省生产总值 73 808.8 亿元，按可比价格计算，同比增长 2.5%。分产业看，第一产业增加值 2 431.9 亿元，同比增长 1.1%；第二产业增加值 31 930.4 亿元，同比增长 2.0%；第三产业增加值 39 446.5 亿元，同比增长 2.9%。2020 年 1—6 月，江苏省生铁、有色金属冶炼、化肥、乙烯产量分别较同期增长 2.1%、12.8%、3.5%、26.6%，课题组最新开展的沿江沿海调研发现，钢材、农药、化工等高污染排放行业的生产和出口已经基本化解了疫情和国际形势的影响，纺织行业因国内疫情有效控制近期还呈现订单暴增。

新产业新业态快速发展，新经济新动能逆势成长。2020 年前三季度，医药制造业增加值增长 9.0%，专用设备制造业增长 8.4%，电气机械和器材制造业增长 11.1%，计算机、通信和其他电子设备制造业增长 6.6%，增速均高于规模以上工业。前三季度，装备制造业增加值增长 5.9%，增速比上半年加快 2.8 个百分点；高技术制造业增加值增长 7.4%，增速高于规模以上工业 3.8 个百分点。

尽管疫情对江苏的短期冲击较大，但一个地区的经济韧性根本上体现在产业链的竞争力、供应链的完备性以及优良的营商环境等方面。江苏在 40 多年改革开放中形成的产业竞争力和高效供应链体系在本质上没有变化，营商环境也在逐步改善，疫情只是暂时打乱了产业链和供应链体系的运作，并没有动摇江苏实体经济的基础和长期积累的人力资本、技术能力和产业协作能力。

4.3.2 生态环境影响分析

长期来看，疫情期间为钢铁、化工行业转型升级窗口期：当前钢铁、化工行业正处在兼并重组的窗口机遇期，特别是疫情影响下，行业经营效益大幅下滑，部分企业已经出现周转资金紧张。实践证明，周期性行业在低谷期往往会出现大面积的洗牌重组，行业低迷将重新唤起部分钢铁企业的重组意愿，国家倡导多年的兼并重组进程有望加快。当前疫情全球蔓延，产品进口、技术引进、人员交流等受到巨大冲击，企业或许会主动打破“等、靠、买”的惯性思维，从完善创新体系、营造创新生态等方面入手切实加快产品创新进程。

短期来看，可能会对生态环境产生以下影响：

工业企业加足马力复产，工业污染物排放量和排放强度显著增加。2003 年 6 月“非典”疫情在第二季度有效控制后，第三季度第一、第二产业均迅速回暖，分别较第二季度回升 1.6 个百分点和 1.9 个百分点，本轮疫情后钢铁、化工等大型企业在第二、第三季度可能保持一段较长时间的高负荷生产态势，部分关停企业有可能会“死灰复燃”，对局部地区环境质量改善造成压力。同时，疫情对民企、小微企业等负面影响程度更大，一些传统制造业企业在长期的结构性调整和短期疫情的夹击下可能就此关闭，部分体量较小、抗风险能力较弱的中小微企业特别是餐饮企业、零售企业由于经营中断也将面临破产倒闭的困境，届时环保如出台加严监管措施可能存在“背锅”风险。

建筑施工“赶工期”造成环保措施落实不到位。市政工程、房地产等建筑施工活动在疫情后由于“赶工期”，短期内渣土运输量增大、非道路移动机械用量增加，NO_x 与颗粒物排放量将有一定程度的增长。同时“赶工期”现象易造成控尘措施不到位，扬尘污染对城区空气质量或有显著影响。

各级财政保障缺口加大，造成环境基础设施和环境治理工程延后建设。受“非典”影响，江苏省 2003 年、2004 年财政收入比 2002 年降低 6%、26%，因此本次疫情一方面会造成财政收入增幅回落，另一方面财政支出不断增长，江苏省 2003 年、2004 年一般公共预算支出比 2002 年增长 4%、7%，偏向于补齐医疗卫生短板。根据《江苏省环境基础设施三年建设方案》，江苏省预计近三年环境基础设施建设总投资 1 754 亿元，当前环保投入渠道主要为政府财政投入、金融信贷，2017—2019 年一般公共预算支出中节能环保支出平均每年 317 亿元，环保投入缺口本身较大，疫情发生后由于财政收入紧张和基本保障等支出增加，2020 年环境基础设施缺口将会增加，造成环境基础设施建设重大工程可能会延后。

各地打赢污染防治攻坚战信心可能动摇，造成各地管控措施和补贴政策难以完全落实到位。在经济下行压力加大、国内外形势不确定、疫情导致短期经济不景气的情况下，有可能导致生态优先、绿色发展理念有所动摇。尤其是处在生态环境攻坚期，减排潜力不断压缩，治理污染的边际成本越来越高，也对各地打赢污染防治攻坚战的信心造成一定影响。各地将更多精力用于刺激经济增长，地方推动生态环境治理体系和治理能力现代化建设的积极性可能被削弱，部分环保补贴政策在地方难以有效落实。

各地政府加大招商引资力度，新上高污染、高排放的限制类产业和产能过剩项目可能再次“抬头”。由于传统行业对固定资产投资和地方税收的带动作用强，截至 2020 年上半年全省审批的化工、纺织、造纸、金属冶炼、木材加工、橡胶塑料制品等 6 类污染排放强度较大的行业的项目数和投资额占项目总数和投资总额的 29%。叠加中美贸易摩擦和疫情影响等因素后，地方政府在保增长压力下，可能会忽视生态环境保护要求，推进一批高消耗、高排放传统项目落地，将抵消前期区域减排和环境质量改善成效。

4.4　中美贸易摩擦影响分析

4.4.1　对经济的影响

江苏省对美出口量下降，但总出口额不变或略有上升。江苏省 2019 年前三季度出口额为 20 129.4 亿元，同比增长 4.3%，对美贸易额为 4 660.7 亿元，同比下降 9.8%。南京市 2019 年前三季度对美出口表现强劲，1—9 月对美出口额为 356.1 亿元，同比增长 10.8%，占全市出口额的 17.2%。外贸市场日趋多元，市场“替代效应”明显。2019 年江苏对欧盟、东盟和日本进出口总额分别增长 7.2%、11.1%和 3.7%，对“一带一路”沿线国家进出口总额增长 9.1%，占全省进出口总额的比重比上年同期提升 2.1 个百分点。

对企业影响总体可控，中小企业受影响较大。江苏省工信厅反映，根据江苏省对美出口额超千万美元的近 1 000 家企业调查，尽管对美出口量下降 6.2%，但是销售收入 2019 年 1—8 月增长 3.8%。在这近 1 000 家企业中，销售收入下降超过 20%的企业有 20 多家，占比为 2.5%。江苏省工商联对民营企业的调研显示，21.3%受访企业表示关税冲击导致对美出口成本增加，14.9%受访企业表示出口下滑且业务萎缩。中美贸易摩擦对中小企业影响大，对大企业影响小。据南京市工信局反映，中美贸易摩擦征税清单涉及南京高精传动设备制造集团有限公司，该企业在 2018 年产值在 60 亿～70 亿元，由于掌握核心技术，对全部产品拥有独立知识产权，2019 年该企业对美出口订单不降反升，增长了 20%左右，并未受到中美贸易摩擦的影响。调研组实地访问的安迪苏等企业通过全球调配订单等措施，基本未受影响。

中美贸易摩擦减弱了企业出口信心和发展预期，但企业正逐步适应。江苏的企业从中美贸易摩擦开始时的紧张、慌乱，逐渐趋于理性、冷静，并积极应对。江苏省委研究室反应，2018 年中美贸易摩擦刚开始时，从政府、企业到社会心里都没底，特别是 2018 年上半年，尽管外贸数据比较乐观，但是各方还是信心严重不足。目前，虽然中美贸易摩擦对江苏经济贸易的影响已逐步显现，但是全社会对于中美贸易摩擦的持续性和反复性有了一定预期，心理承受能力进一步提高。江苏省工商联对民营企业调研显示，中美贸易摩擦对出口预期影响较小，63%受访企业认为没有影响，11%受访企业认为有较大影响。

4.4.2 对生态环境的影响

中美贸易摩擦将加速劳动密集型产业转移和提质升级，这部分企业转出有助于将土地等要素资源腾出来吸引发展更高端的项目，进一步推动制造业高质量发展；但在短期内会导致钢铁等行业大量新增低水平产能和中小企业环保投入减少。江苏省委研究室对 500 多家美国市场过半且对美出口额超千万美元的企业调查显示，有近 1/5 的企业有产能转移意向，8.3%的企业已经转移产能。全省对柬埔寨、越南、泰国投资分别增长 7.3 倍、2.5 倍和 1.9 倍，反映出产业转移步伐加快，受影响的产品主要集中在电器电子和机械设备等机电行业、纺织服装等劳动密集型产业。但同时也看到，钢材的出口对缓解国内产能过剩压力、支撑国内钢材市场起到了重要作用，中美贸易摩擦导致中国的钢材出口面临极大压力，江苏省 2019 年主要工业产品粗钢、钢材、水泥产量较上年同期分别增长 14.3%、12.4%和 14.8%，调研发现，2019 年江苏江阴特种钢的订单出现明显下滑，但全省小企业产量大幅增长，增幅远高于大企业，单位钢产品的排污强度增加，存在利润驱动下产能扩张冲动，以铸造名义上高炉等风险依然存在。

4.5 宏观环境与经济政策形势

4.5.1 国际环境

从国际来看，绿色低碳发展成为世界潮流，5G、人工智能等新技术革命将有力推动绿色生产生活方式形成，绿色经济增长成为世界经济增长的新动能。

一是绿色经济增长成为世界经济增长的新动能。气候变化《巴黎协定》正式生效，标志着全球向绿色低碳转型、构建清洁能源体系已成为大势所趋。履行《巴黎协定》规定的国际义务，既是我国积极参与全球经济、科技竞争的战略选择，也是实现可持续发展的内在要求。当前，全球发展正处于深刻的调整期，在世界经济复苏动力不足、国际金融危机影响犹存的情况下，无论是发达国家还是发展中国家，都在拓展新的发展空间，寻找新的增长动力。与此同时，气候变化、环境污染、生态退化等环境问题凸显，成为威胁各国经济安全、能源安全甚至国家安全的严峻挑战，世界主要经济体都把实施绿色新政、发展绿色经济作为刺激经济增长和转型的重要内容。

二是 5G、人工智能等国际新科技革命到来为绿色生产生活方式形成开启窗口期，为生态环境治理提供新技术。在全球范围内，数字经济已经取得广泛共识的背景下，以 5G、人工智能、工业互联网、物联网为代表的新型基础设施一方面为数字经济的增长奠定基础，另一方面也是基于边际收益递增的新一轮增长，具有非常显著的经济结构优化效应和投资带动效应。“十四五”时期，我国有望进入科技红利期，以信息科技为核心的未来网络技术、虚拟现实技术、人工智能技术持续发展完善，无人工厂、无人车间、无人物流、无人售卖将逐步成为常态，对产业结构、社会就业、仓储物流、用户体验等产生革命性影响。以新能源科技为驱动的储能释能技术，以材料科技为支撑的制造技术革命，将全方位革新社会生产、生活、消费等。这既有利于经济社会发展的清洁化、绿色化升级，从根本上改变环境污染特征，同时新技术、新业态也将给生态环境治理带来新手段，有助于持续提升环境治理能力现代化水平。

4.5.2　国内环境

从国内来看，以习近平同志为核心的党中央高度重视生态文明建设和生态环境保护，美丽中国战略目标和习近平生态文明思想提供了科学思想指引和政治保障。

首先，习近平生态文明思想为新时代绿色发展提供了思想指引和政治保障。确立习近平生态文明思想是全国生态环境保护大会具有标志性、创新性、战略性的重大理论成果，是对党的十八大以来习近平总书记就生态文明建设和生态环境保护提出的一系列新理念、新思想、新战略的理论升华，是新时代生态文明建设的根本遵循，是习近平新时代中国特色社会主义思想的重要组成部分。习近平生态文明思想为新时代全面加强生态环境保护、打好污染防治攻坚战提供了思想指引和行动指南，其核心要义集中体现在以下“八个观”：一是生态兴则文明兴、生态衰则文明衰的深邃历史观，必须坚持节约资源和保护环境的基本国策，坚定走生产发展、生活富裕、生态良好的文明发展道路；二是人与自然和谐共生的科学自然观，必须坚持节约优先、保护优先、自然恢复为主的方针，像保护眼睛一样保护生态环境，像对待生命一样对待生态环境，推动形成人与自然和谐发展的现代化建设新格局；三是“绿水青山就是金山银山”的绿色发展观，必须树立和贯彻新发展理念，平衡处理好发展与保护的关系，推动形成绿色发展方式和生活方式，努力实现经济社会发展和生态环境保护协同共进；四是良好生态环境是最普惠的民生福祉的基本民生观，必须坚持以人民为中心的发展思想，坚持生态惠民、生态利民、生态为民，着力解决损害群众健康的突出环境问题；五是山水林田湖草是生命共同体的整体系统观，必须按照生态系统的整体性、系统性及内在规律，统筹考虑自然生态各要素、山上山下、地上地下、陆地海洋以及流域上下游，进行整体保护、宏观管控、综合治理，全方位、全地域、全过程开展生态文明建设，增强生态系统循环能力，维护生态平衡；六是用最严格制度保护生态环境的严密法治观，构建产权清晰、多元参与、激励约束并重、系统完整的生态文明制度体系；七是全社会共同建设美丽中国的全民行动观，必须加强生态文明宣传教育，强化公民环境意识，推动形成简约适度、绿色低碳、文明健康的生活方式和消费模式；八是共谋全球生态文明建设之路的共赢全球观，深度参与全球环境治理，形成世界环境保护和可持续发展的解决方案，引导应对气候变化国际合作。

其次，党的十九大明确了生态文明建设的新要求、新目标、新部署。党的十八大提出把生态文明建设纳入“五位一体”总体布局，党的十九大对生态文明建设和生态环境保护，又提出了一系列新思想、新要求、新目标和新部署。在新要求方面，明确我国社会主要矛盾已经转化为人民日益增长的美好生活需要和不平衡不充分的发展之间的矛盾，我们要建设的现代化是人与自然和谐共生的现代化，既要创造更多的物质财富和精神财富以满足人民日益增长的美好生活需要，也要提供更多优质生态产品以满足人民日益增长的优美生态环境需要。在新目标方面，提出到 2020 年，坚决打好污染防治攻坚战；到 2035 年，生态环境根本好转，美丽中国目标基本实现。在新部署方面，提出要推进绿色发展、着力解决突出环境问题、加大生态系统保护力度、改革生态环境监管体制。这些新思想、新要求、新目标、新部署，不仅是生态文明建设的根本遵循和行动指南，更是为江苏省生态环境保护工作提供了重要的战略支撑。

最后，生态环境治理体系和治理能力现代化提出了新要求。国家治理体系和治理能力现代化是习近平新时代中国特色社会主义思想的重要组成部分，也是对中国特色社会主义理论和制度体系的重大创新。党的十八届三中全会以来，围绕生态文明建设的治理体系和治理能力现代化，我国出台近百份改革文件。总体来看，自然资源资产产权制度、国土开发保护制度、空间规划体系、资源总量管理和节约制度、资源有偿使用和补偿制度、环境治理体系、环境治理和生态保护的市场体系、绩效考核和责任追究制度等 8 个方面的制度、共 80 多项改革任务和成果，构成了源头严防、过程严管、后果严惩和多元参与、激励与约束并举、系统完备的生态文明治理体系。党的十九届四中全会强调，要坚持解放思想、实事求是，坚持改革创新，着力固根基、扬优势、补短板、强弱项，构建系统完备、科学规范、运行有效的制度体系，加强系统治理、依法治理、综合治理、源头治理，把我国制度优势更好转化为国家治理效能，为实现“两个一百年”奋斗目标、实现中华民族伟大复兴的中国梦提供有力保证。

4.5.3　区域环境

从区域来看，长三角区域一体化战略加快推进，太湖流域水环境治理、跨区域大气污染防控等关键工作都将有新的突破口，为解决区域、流域性环境问题提供重要契机。

一是长三角一体化战略有利于推动江苏省对标先进高质量发展。推动长三角区域一体化发展，是党中央、国务院着眼于我国社会主义现代化建设全局做出的重大决策部署。2018 年 11 月，习近平总书记在首届中国国际进出口博览会上宣布，支持长江三角洲区域一体化发展并上升为国家战略。推进区域生态文明建设、加强区域生态环境保护是长三角一体化的重要内容，是实现长三角区域协调可持续发展的基本保障，对实现区域高质量发展，更好发挥长三角的带动、示范和引领作用具有重要意义。生态环境是江苏省高质量发展突出短板，《长江三角洲区域一体化发展规划纲要》明确提出，到 2025 年，细颗粒物（$PM_{2.5}$）平均浓度总体达标，地级及以上城市空气质量优良天数比率达到 80%以上，为了在长三角一体化发展中争当典范，江苏省势必要加大生态环境保护和绿色发展力度。

二是长三角一体化战略有利于建立区域生态环境共治共保的新机制。长三角区域发展差异大，保护与发展错位、不平衡不协调的问题突出，部分跨界地区水环境功能不衔接，跨界地区水源保护任务艰巨。以太湖、淀山湖、太浦河等跨界水体为例，现行以属地性为主的流域水环境管理模式不足以解决跨界污染问题，究其原因主要是流域的整体性和行政区划分割间的矛盾，使得上下游地区的地方政府在无强制力协调下解决环境问题的博弈中难以合作，从而致使跨行政区域水资源管理和水污染防治低效，由此可见，构建行之有效的跨界治理管理体制和协调机制迫在眉睫。《长江三角洲区域一体化发展规划纲要》明确提出，到 2025 年，生态环境共保联治能力显著提升，跨区域跨流域生态网络基本形成，优质生态产品供给能力不断提升。环境污染联防联治机制有效运行，区域突出环境问题得到有效治理。生态环境协同监管体系基本建立，区域生态补偿机制更加完善，生态环境质量总体改善。这将为太湖流域水环境治理、跨区域大气污染防治等关键工作提供新的突破口，为解决区域性、流域性环境问题提供重要契机。

4.5.4　省内环境

从省内环境来看，江苏省经济已由高速增长阶段转向高质量发展阶段，“美丽江苏”战略实施、“生态环境治理体系和治理能力现代化试点省”释放政策红利，为改善生态环境创造了有利的宏观经济、政策环境。

一是经济迈向高质量发展阶段有利于环境质量持续改善。江苏省经济已由高速增长阶段转向高质量发展阶段，经济社会发展模式、产业体系、资源能源利用方式等都将向着更有利于生态环境保护的方向发展，为实现环境经济全面协调发展提供良好的宏观经济条件。高质量发展阶段具有以下特征：不仅增长速度从高速转向中高速，而且发展方式从规模速度型转向质量效益型；不仅经济结构调整从增量扩能为主转向调整存量、做优增量并举，而且发展动力从主要依靠资源和低成本劳动力等要素投入转向主要依靠创新驱动。由此可见，江苏省“十四五”经济社会发展全面进入后工业化、创新发展阶段，资源环境的压力整体稳步趋缓，为实现人口、资源、环境、发展全面协调和美丽中国建设提供良好的基础条件。

二是“美丽江苏”战略实施提供有力契机。美丽江苏建设是江苏省事关全局的重大战略任务，也是新形势下推动高质量发展的重要抓手。自然生态之美、绿色发展之美是其重要组成部分。“美丽江苏”战略提出要坚持生态优先、绿色发展，整体推进、重点突破，聚焦重要领域和关键环节，统筹推进经济生态化与生态经济化，协同推进经济绿色转型发展、人民生活品质提升、生态环境保护修复，加快形成绿色发展方式和生活方式，到2025年生态环境质量明显改善，争创成为美丽中国建设的示范省份，到 2035 年全面建成生态良好、生活宜居、社会文明、绿色发展、文化繁荣的美丽中国江苏典范。这将有利于统筹经济社会发展和环境保护、生态建设，建立健全绿色低碳循环发展经济体系、优化空间布局，为推进生态环境根本改善按下快进键。

三是生态文明制度改革释放巨大红利。江苏作为全国唯一部省共建生态环境治理体系和治理能力现代化试点省，生态环境治理体系和治理能力现代化将全面推进，生态文明体制改革和制度创新的红利将逐步释放。江苏省政府与生态环境部 2019 年 3 月 15 日在京签署合作框架协议，共建生态环境治理体系和治理能力现代化试点省，江苏成为全国唯一的部省共建生态环境治理体系和治理能力现代化试点省。根据协议，生态环境部与江苏省按照先行先试、共建共享、合作创新原则，建立部省合作机制，目标是经过 3～5 年努力，江苏省补短板、调结构、优环境取得积极成效，生态环境质量显著改善，生态环境监管、法治、经济政策、改革创新走在全国前列，成为全国最严格制度最严密法治高水平保护生态环境的示范区、突出环境问题系统治理的标杆区、生态环境损害赔偿制度实践的引领区，为全国生态环境治理体系和治理能力现代化建设积累经验、提供示范，这将为江苏省生态文明制度体制机制改革按下快进键，为生态环境保护提供坚实的制度保障。

4.6 综合判断

总体判断：“十四五”期间，江苏省生态环境保护机遇与挑战并存，还处在压力叠加、滚石上坡的关键期，经济社会发展与环境承载能力不足的矛盾仍然尖锐，具体呈现如下特征：

一是绿色生产生活方式形成的提速期。随着高质量创新型省份建设持续推进，“十四五”期间经济发展方式将加快由规模速度型向质量效益型转变，结构调整从增量扩能为主向调整存量、做优增量并举转变，发展动力从主要依靠资源和劳动力等要素投入向依靠创新驱动和技术突破转变，城镇化发展由规模扩张向城镇发展品质提升转变，5G、人工智能等新技术革命将有力推动产业升级与发展转型，以新能源科技为驱动的储能释能技术、以材料科技为支撑的制造技术革命将全方位革新社会生产、生活、消费，以上积极变化将为实现人口、经济、环境全面协调发展提供良好条件。

二是生态文明体制改革的红利释放期。“十三五”期间，生态文明制度体系的“四梁八柱”已经初步形成，政策有效落地、配套实施、集成推进尚需不断发力。江苏作为全国唯一部省共建生态环境治理体系和治理能力现代化试点省，“十四五”期间生态环境治理体系和治理能力现代化将全面推进，生态文明制度改革的红利将逐步释放。

三是主要污染物排放的高位平台期。“十四五”期间，江苏省将围绕建设具有国际竞争力的先进制造业基地的战略目标，着力做大做强传统优势产业。初步判断，江苏省以煤为主的能源结构和偏重的产业结构不会发生根本改变，能源消费将进入峰值平台期，钢铁、水泥、火电等工业生产仍将处于达峰缓增阶段，带来的污染排放压力仍将处于高位水平。参考发达国家污染排放峰值平台期持续 10～20 年，综合判断“十四五”期间江苏省主要污染物减排的压力仍然较大。

四是多类型生态环境问题的交叠期。“十三五”以来，基于常规监测的环境质量指标持续向好，但生态环境质量改善从量变到质变的拐点还没有到来。“十三五”时期重点关注的环境问题（重化围江、颗粒物和臭氧空气污染、黑臭水体、土壤环境风险、湖泊富营养化、农业面源污染等）仍需下大力气解决；过去关注不够的环境问题（近岸海域氮、磷超标，地下水污染，环境安全和健康风险，碳排放总量大、强度高等）将逐渐凸显，生产与生活、城市与农村、工业与交通环境污染交织，多领域、多类型、多层面的生态环境问题累积叠加，应对难度加大。

五是生态环境质量提升的边际成本上升期。改善环境质量的关键举措是持续推进污染减排，当前相对容易实施、成本相对较低的污染减排措施大多已完成，要进一步提升生态环境质量，污染治理的难度将不断增加，所需付出的边际成本也会越高。“十四五”期间，要更加突出精准治污、科学治污、依法治污，不断推进环境管控精细化，大力加强环境科技支撑，实现治污成本降低、发展效益提升。

六是生态环境保护外部形势不确定因素增加期。当前国内经济下行压力增大，中美贸易摩擦、新冠肺炎疫情等全球性事件导致国际经济发展不确定性因素增加，可能会对生态环境保护造成负面影响。在疫情影响和经济下行的重压之下，一些地方领导干部“唯 GDP”的思想可能“抬头”，产业结构调整力度有可能减弱，生态环境保护被排除到决策的优先序列之外。财政收入降低、刚性支出增加，势必影响政府环保投入尤其是对环保基础设施建设的投入，很多企业因疫情蒙受重大损失，资金压力非常大，环保投入的积极性也会大打折扣。

第 5 章　江苏省生态文明治理体系与治理能力现代化建设总体设计

5.1　建设思路

5.1.1　总体要求

以习近平新时代中国特色社会主义思想为指导，全面贯彻党的十九大和十九届二中、三中、四中、五中、六中全会精神，深入贯彻习近平生态文明思想和习近平总书记对江苏工作的重要指示批示精神，牢固树立“绿水青山就是金山银山”的理念，坚持生态优先、绿色发展，以推进生态环境治理体系和治理能力现代化试点省建设为契机，以碳中和、碳达峰为引领，坚持源头治理和减污降碳，深化制度创新，强化政府主导和企业主体作用，注重发挥市场机制和经济杠杆作用，有力动员社会组织和公众共同参与，形成导向清晰、决策科学、执行有力、激励有效、多元参与、良性互动的现代环境治理体系。

围绕实现上述目标，做好当前及今后工作，要着力实现“三个转变”：一是由倒逼发展向倒逼发展与激励发展并重转变。既要严肃查处环境违法行为，倒逼企业转型升级、提高治理水平、落实主体责任，也要加大激励力度，强化“环保干好干坏不一样”的鲜明导向，让保护生态环境的实干者、守法者得实惠，进一步激发企业治污的内生动力。二是由攻坚作战向攻坚作战与治本作战并重转变。集中资源力量治污攻坚，这是当前生态环境问题突出、群众反映强烈的现状决定的，必须毫不动摇。但推动环境质量根本性改善不是一蹴而就的事情，必须做好打底子、提能力、管长远的基础性工作，注重运用市场化、法治化手段解决问题，持续巩固生态环境改善的成果。三是由指导监督向指导监督与自身高质量发展并重转变。治污攻坚取得现在的成绩，生态环境部门的指导监督作用不可或缺。但也要清醒地认识到，生态环保队伍自身也有不适应高质量发展的方面，要反躬自省，不断改进理念、方法、措施、机制、作风，更好适应高质量发展的需要。

5.1.2　基本原则

江苏省生态文明治理体系与治理能力框架体系构建坚持以下原则：

坚持源头治理。突出协同推进经济高质量发展和生态环境高水平保护主线，政策发力点不仅是要巩固生态环境质量改善，更要从结构上、源头上推动产业结构、能源结构、交通结构等的调整，推进生态环境保护与经济社会发展的深入融合。

坚持系统治理。牢固树立生态优先、绿色发展的理念，以保护促发展，治理和修复统筹兼顾、监管和服务齐头并进，全系统、全过程塑造生态环境保护规范，提升生态环境治理的系统性、整体性、协同性。

坚持问题导向。聚焦江苏省生态环境主要问题，找准生态环境政策改革的难点和堵点、环境基础设施等治理能力突出短板，加大政策执行和改革创新力度，强化支撑能力建设。

坚持依法治理。用最严格制度最严密法治保护生态环境，加快制度创新，完善法规、标准，强化制度执行和执法监管，重点治污，让制度、法规成为刚性约束和不可触碰的高压线。

坚持改革创新。强化改革引领，深化生态环境领域“放管服”改革，健全生态环境保护经济政策，强化政策激励，激发市场主体内生动力，主动参与环境治理。

坚持共建共享。不断完善公众参与、社会监督制度，有序增强公众参与程度。引导各类社会组织健康有序发展，发挥好社会团体、民间组织和志愿者的积极作用，形成共建共治共享的良好氛围。

5.1.3　主要目标

到 2025 年，全省建立科学高效、协调有力的生态环境保护机制，生态环境治理体系巩固完善，治理能力显著提升，努力建成最严密法治最严格制度保护生态环境的示范区、突出环境问题系统治理的标杆区、全社会共同推进生态文明建设的样板区、生态环境治理体系和治理能力现代化建设的引领区。

到 2035 年，全省建立起科学高效、协调有力的生态环境保护机制，执法最规范、监控最精准、执行最有力、参与最积极的生态环境治理体系基本实现，生态环境质量与经济发展的耦合度更加匹配，美丽中国的江苏样板基本建成。

5.2　建设框架

综合考虑“十四五”江苏省生态环境政策改革形势和需求，依据以上原则，基于需求导向和问题导向进行系统设计，重点构建“七大体系”“四大治理能力”。

"七大体系"，即：促进绿色发展政策体系、碳排放达峰政策体系、生态保护修复政策体系、生态环保责任体系、环境经济政策体系、全过程监管政策体系、全民行动政策体系。

"四大治理能力"，即：提升环境基础设施支撑能力、提升防范和化解环境风险能力、提升生态环境科研支撑能力、提升生态环境监测监控能力。

江苏省生态文明治理体系与治理能力现代化建设框架如图 5-1 所示。

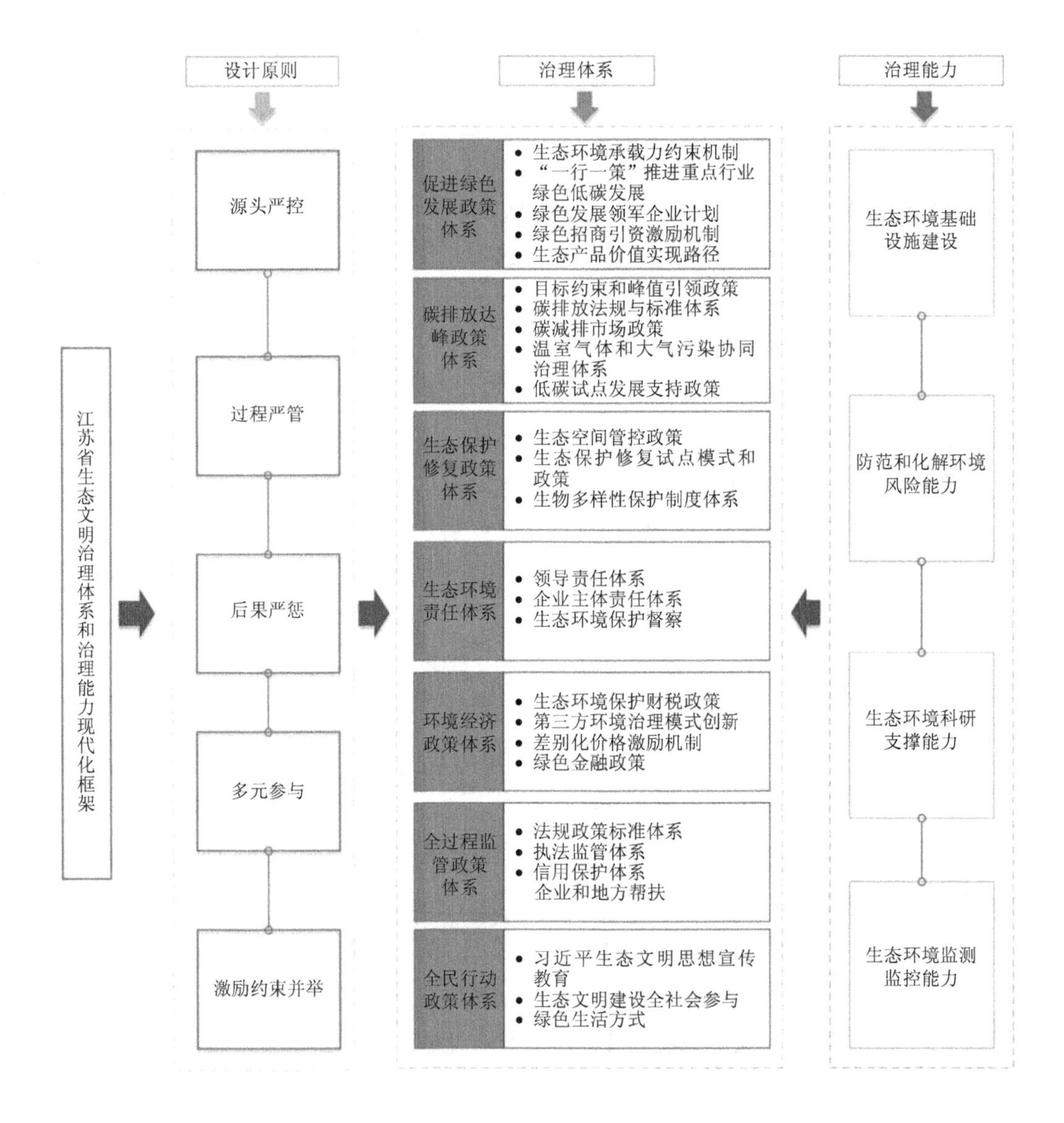

图 5-1 江苏省生态文明治理体系与治理能力现代化建设框架

5.3 建设路线图

系统分析生态文明治理体系建设和实施现状、面临形势、生态环境保护政策需求，提出新发展阶段江苏省生态文明治理体系和治理能力现代化建设路线图（表 5-1）。主要涵盖促进绿色发展政策、碳排放达峰政策、生态保护修复政策、生态环境责任、环境经济政策、全过程监管及全民行动七大生态环境政策领域，建立三档次、三类别、两阶段政策建设路线图。其中，政策执行水平分为良好、一般与较差 3 个档次，政策调整类型分为新立、完善、保持 3 个类别。

表 5-1 江苏省生态文明治理体系和治理能力现代化建设路线

政策领域	政策	政策执行水平	政策调整类型	2021—2025 年政策推进路径
促进绿色发展政策	生态环境承载力约束机制	一般	完善	完善“三线一单”生态环境分区管控体系，强化应用 健全以环评审批为主体的源头预防体系，坚决遏制“两高”项目盲目发展 实施工业园区污染物限值限量管理
	“一行一策”推进重点行业绿色低碳发展	一般	新立	制定钢铁、煤炭等重点行业绿色低碳发展技术指南
	绿色发展领军企业计划	一般	新立	在重点行业培育一批绿色领军企业 推进龙头企业建立绿色供应链 建立绿色原料及产品追溯信息系统
	绿色招商引资激励机制	一般	完善	制定地区差别化绿色招商引资标准，制定重点发展行业招商导向清单，市、县（市、区）、省级以上经济开发区开展年度绿色招商综合评估 优化环境要素资源配置机制 开辟重大优质项目环评审批绿色通道
	生态产品价值实现路径	一般	新立	制定江苏生态产品价值核算规范和评价体系 实施生态环境保护修复与生态产品经营开发挂钩等市场经营开发模式 建立基于生态产品价值的生态补偿机制
碳排放达峰政策	目标约束和峰值引领政策	一般	新立	继续推进碳排放总量和强度“双控” 开展园区碳排放总量控制和专项评估 将碳排放纳入生态环境保护督查和高质量发展考核

政策领域	政策	政策执行水平	政策调整类型	2021—2025年政策推进路径
碳排放达峰政策	碳排放法规与标准体系	一般	新立	有序推进应对气候变化相关地方性法规制修订 健全温室气体排放基础数据统计指标体系，在环境统计相关工作中协同开展温室气体排放专项调查 遴选发布重点推广的节能、低碳技术和产品目录
	碳减排市场政策	一般	完善	研究设立全省清洁能源发展基金 创新“低碳”绿色金融产品，加大绿色信贷、绿色债券对低碳项目的支持力度，积极探索碳排放权抵押融资 对低碳企业在税收方面给予激励
	温室气体和大气污染协同治理体系	一般	新立	将应对气候变化纳入“三线一单”生态环境管控政策，强化应对气候变化措施在“三线一单”和环境影响评价中落地实施 探索温室气体排放与污染防治监管体系的有效衔接 在钢铁、建材等行业开展大气污染物和温室气体协同控制试点示范 支持污染物与温室气体协同减排相关技术研发、示范和推广
	低碳试点发展支持政策	一般	新立	研究制定近零碳排放区示范工程建设指标体系和建设指南 制定重点行业、企业低碳化改造技术指南，启动一批重点企业开展低碳化改造试点 开展规模化、全链条二氧化碳捕集、利用和封存示范工程建设探索
生态保护修复政策	生态空间管控政策	良好	完善	落实《江苏省生态空间监督管理办法》，出台全省生态空间管控区域监督管理评估考核细则 对脆弱区域内生态保护红线变化状况开展遥感监控和预警预测
	生态保护修复试点模式和政策	良好	新立 保持	扩大生态安全缓冲区试点范围和类型 推进自然生态修举试验区建设，建立自然生态修复保护负面清单
	生物多样性保护制度体系	一般	完善	推进出台《江苏省生物多样性保护条例》 制定以生物多样性和特征动植物为标识的自然生态质量评价标准、技术导则和编目规范

政策领域	政策	政策执行水平	政策调整类型	2021—2025 年政策推进路径
生态环境责任政策	政府领导责任	良好	新立	落实省级生态环境保护责任清单 健全生态环境绩效考核和责任追究制度 建立健全上下游、左右岸、上下风向污染无过错责任举证制度 开展 GDP 和 GEP 双核算双评价试点
	企业主体责任	良好	完善	推进排污企业安装使用在线监测监控设备 推进清洁生产审核模式创新，探索清洁生产审核制度与排污许可制度相衔接的模式 加强企业环保社会责任制度建设，加快企业环境信息披露制度改革
	生态环境保护督察	良好	完善	开展污染全过程治理的专项督察 推进环境监察标准化建设 落实江苏省生态环境保护督察整改工作规定，开展督察成效量化评估
环境经济政策	生态环境保护财税政策	一般	完善	完善污染物总量排放收费标准资金返还机制，提高最高返还比例 建立以绿色发展和环境质量改善绩效为导向的财政奖惩制度
	第三方环境治理模式创新	一般	完善	推广生态环境托管服务和第三方治理
	差别化价格激励机制	一般	完善	制定落实差别化的水、电、燃气等绿色价费政策 健全覆盖成本并合理盈利的污水处理费、固体废物处理收费机制
	绿色金融政策	良好	完善	推进设立省级土壤污染防治基金 支持排污权、碳排放权、用能权、收费权等担保创新类贷款业务
全过程监管政策	法规政策标准体系	良好	保持新立	制定土壤污染防治条例、机动车与非道路移动机械排气污染防治条例、生态环境保护条例等地方性法规 研究制（修）订一批环境质量标准、污染物排放标准、环境监测方法、管理规范、工程规范及实施评估等生态环境标准
	执法监管体系	良好	完善	将活性炭等污染物纳入排污许可管理 建立排污许可联动管理机制，加快推进环评与排污许可融合 加快江苏“环保脸谱”体系建设

政策领域	政策	政策执行水平	政策调整类型	2021—2025年政策推进路径
全过程监管政策	信用保护体系	良好	完善	制定更加科学规范的信用等级评价细则，扩大环境失信行为的评价范围 完善守信共同激励、失信联合惩戒措施
	企业和地方帮扶	良好	保持	深入推进在环境监管中加强企业产权保护 深化企业环保日接待制度
全民行动政策	习近平生态文明思想宣传教育	良好	完善	出台《江苏省生态文明教育促进办法》 完善生态环境教育培训体系 建设一批生态文明教育实践基地
	生态文明建设全社会参与	良好	完善	推进环保设施向公共开放 拓宽公众、社会组织参与渠道、形式
	绿色生活方式	良好	完善	完善绿色生活的相关政策和管理制度

第 6 章　江苏省生态文明治理体系现代化建设路径

以部省共建生态环境治理体系和治理能力现代化试点省为契机，围绕“三个转变”，强化激励约束政策供给，健全生态环境法规政策标准体系，落实各类主体责任，健全绿色发展激励机制，优化生态环境治理监管服务，加快形成导向清晰、决策科学、执行有力、激励有效、多元参与、良性互动的治理体系。

6.1　促进绿色发展政策体系

国际经验表明，解决污染问题，70%靠产业结构调整，30%靠末端治理。“十三五”时期，污染防治攻坚战聚焦解决突出问题，力度空前，成效很大，代价也很大，难以持续。“十四五”提出了更高的目标要求，必须更加注重源头治理，解决江苏省结构性矛盾问题。

6.1.1　建立生态环境承载力约束机制

完善生态环境分区管控体系。综合考虑主体功能区划、自然保护地体系、生态功能区划、生态保护红线等现有空间管控制度，统筹推进“三线一单”管控要求与相关制度衔接，推动区域开发与保护格局不断优化。做好“三线一单”地市落地细化，加强在政策制定、环境准入、园区管理、执法监管等方面的应用。衔接国土空间规划分区和用途管制要求，优化完善环境管控单元准入要求，坚决遏制突破生态保护红线、环境质量底线、资源利用上线的粗放增长方式，对资源开发利用与生态环境保护矛盾突出的重点地区，提高大气、水、土壤等环境质量改善要求。

强化生态环境承载力约束。开展沿江、沿河、沿湖、沿海等生态敏感区域生态环境承载力研究，对超出污染物排放总量和生态系统服务能力的地区，提高污染物排放标准，执行更加严格的排污许可要求，新、改、扩建项目重点污染物排放加大减量置换力度，推动落后产能淘汰，补齐环境基础设施短板，坚决遏制环境质量恶化和生态系统退化趋势。严格落实生态环境分区管控要求，积极引导钢铁、化工、煤电等重点行业产业从沿江向沿海有序转移，破解“重化围江”、严防“重化污海”。

实施工业园区污染物限值限量管理。开展工业园区及周边大气、水环境质量监测及主要污染物排放总量测算，有效实施以环境质量为核心、以污染物排放总量为主要控制手段的环境管理制度体系。配套实施激励约束并重的管理措施，将园区污染物排放状况与规划环评、项目环评挂钩，暂停审批“超限园区”新增排放超标污染物项目及园区规划环评，“限下园区”减排形成的排污指标可自主用于区内重大项目建设，引导园区和企业主动治污减排。

坚决遏制高耗能、高排放项目盲目发展。健全以环评制度为主体的源头预防体系，落实相关行业环评审批原则和准入要求。严把高耗能、高排放项目准入关口，严格落实区域污染物削减和煤炭减量替代要求，对不符合规定的项目坚决停批停建。依法依规淘汰落后产能和化解过剩产能。禁止钢铁、焦化、水泥熟料、平板玻璃、炼化等新增产能项目，严格控制尿素、磷铵、电石、烧碱、聚氯乙烯、纯碱、黄磷等新增产能项目。

专栏 6-1 工业园区（集中区）主要污染物限值限量管理

工业园区既是全省经济发展的主要载体，又是治污攻坚的主战场、主阵地。为推动工业园区绿色低碳高质量发展，分批推进工业园区限值限量管理，到 2021 年年底前，全面开展全省 172 个省级以上工业园区及化工园区污染物排放限值限量管理，到 2022 年年底前，全面开展全省市级以上及以下工业园区（集中区）污染物排放限值限量管理。

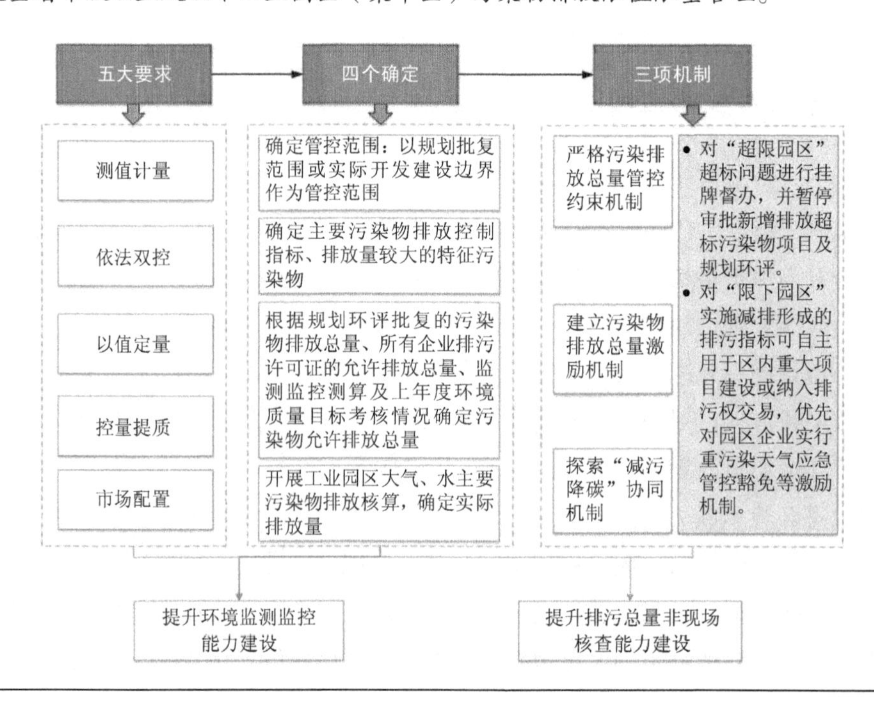

（一）遵循五大要求

——测值计量。通过监测工业园区及周边环境质量值，以及企业污染物排放浓度值，测算工业园区和污染物实际排放量。

——依法双控。依法依规开展污染物浓度和排污总量“双控”。

——以值定量。建立以环境质量为核心、实现环境质量与排污总量挂钩的制度，根据工业园区周边环境质量监测值，确认工业园区污染物允许排放量。

——控量提质。为实习环境质量改善目标，有针对性地控制工业园区污染物排放总量。

——市场配置。通过优化资源配置，有效发挥环境要素市场价值，激发工业园区和企业环境质量内生动力。

（二）明确四个确定

确定工业园区限值限量管控范围。对已编制规划和规划环评，且规划环评通过审查、规划通过审批的工业园区，以规划批复范围作为限值限量管控范围；对未编制规划和开展规划环评的工业园区，以实际开发建设边界作为限值限量管控范围。对综合性产业园区，原则上以工业集聚区边界作为限值限量管控范围。

确定主要污染物排放控制指标和特征污染物。工业园区环境质量的主要控制指标为细颗粒物（$PM_{2.5}$）、臭氧、氮氧化物、化学需氧量、氨氮、总氮、总磷等。工业园区如存在排放量较大的特征污染物，根据环境质量改善需要，应将该特征污染物纳入限值限量指标。

确定污染物允许排放量。主要有以下三种确定途径：规划环评测算的污染物排放总量目标；工业园区内所有企业排污许可证的许可排放总量（未明确排放总量的排污许可企业或其他企业按排放标准浓度限值与流量乘积确定允许排放量）；通过环境监测监控测算出的工业园区污染物实际排放总量。

确定实际排放量。对于水污染物排放总量、大气污染物有组织排放总量，通过园区内企业在线监测污染物排放实时数据，测算工业园区污染物排放总量、新增量、减排量等数据；对于大气污染物无组织排放总量，通过建设监测监控系统、构建模型，测算大气污染物无组织排放总量。

（三）建立健全三项机制

严格污染排放总量管控约束机制。工业园区大气、水环境质量未达到考核目标要求且有所恶化的，或经核算实际排放总量超过允许排放总量的，暂停审批新增相应排放超标污染物的建设项目环境影响评价文件，并暂停受理该工业园区规划环评文件。工业园区同时存在大气、水环境质量多项污染物浓度未达到考核目标要求且有所恶化的，以及多项污染物实际排放总量超过允许排放总量的，如果超值超量因子多于三项（含），同时采取对工业园区环境质量不达标或污染物超标问题进行挂牌督办并实施区域限批，暂停园区内除民生、环境保护基础设施以外的所有项目环评文件审批等约束性措施；对工业园区内超排污许可证允许的污染物排放浓度、总量要求的企业，取消工业园区内企业重污染天气应急管控豁免资格，管控期间严格实施限产措施；视情况启动生态环境保护专项督查，发现存在生态环境损害责任追究情形的，依法依规实施问责。

建立污染物排放总量激励机制。对大气、水环境质量达到考核目标要求且实际排放总量满足允许排放总量要求的园区，鼓励工业园区及周边区域积极落实淘汰落后产能、完善环境基础设施、实施工业污染治理提标改造、强化深度治理回用等污染减排措施，支持腾出来的排污指标优先用于区内重大项目建设，也可纳入排污权交易范围；鼓励工业园区与周边区域加强大气、水污染联防联控，协同推进农业农村、生产生活减污降碳，促进区域生态环境有效“扩容”，支持富余的环境容量指标优先用于区内重大项目建设；按信任保护原则，优先支持工业园区内企业实行重污染天气应急管控豁免；支持工业园区创建国家或省级生态工业园区；在工业园区高质量发展综合考核生态环境指标方面给予加分激励。

探索“减污降碳”协同机制。建立工业园区、重点行业和重点企业的能耗和二氧化碳排放统计、监测、报告、评估机制，摸清二氧化碳排放家底，识别重点排放源，建立指标体系，动态跟踪碳排放总量变化趋势。在省级及以上工业园区率先开展碳达峰、碳中和示范试点，推进全省工业园区“减污降碳”协同治理。

（四）提升两个能力

提升环境监测监控能力建设。按照规范化标准要求，建设适应工业园区限值限量管理要求的水、大气环境质量监测以及主要污染物排放自动监测设施。加强温室气体以及抗生素、氟化物等特征污染物跟踪监测能力建设。

提升排污总量非现场核查能力建设。以自动监测数据作为核算核查主要依据，大力推行非现场核查，结合物料衡算、水平衡、固体废物平衡等科学方法，精准核查企业实际排放总量；优化对工业园区内重点企业污染防治设施运行情况的核查，综合利用自动监控、无人机等手段，远程调度企业治污设施运行情况，最大限度减少对企业正常生产的影响；优化对工业园区污染物排放总量的核查，依托江苏省固定污染源在线监控系统和“一园一档”系统，充分利用工业园区相关监测监控数据，准确、快速核算工业园区污染物实际排放总量。

6.1.2 “一行一策”推进重点行业绿色低碳发展

制定重点行业绿色发展策略。以电力、钢铁、石化化工、电子、印染、建材、电镀、包装印刷和工业涂装等行业为重点，实施“一行一策”治理，以企业为主体，推进先进制造业绿色发展和传统制造业绿色改造，从源头减量、能源低碳化、生产过程清洁化和资源循环利用方面，全面实施提升工业能效、清洁生产、资源综合利用等技术改造，不断提高资源能源利用效率和清洁生产水平，推动一批企业、一批行业达到世界先进水平。电力行业以区域大气污染防治为基础优化火电布局，严控火电燃煤机组增长速度，全面加强 30 万 kW 以下煤电机组淘汰、整合。钢铁行业进一步提升集聚水平，大力推动产业结构和布局调整，降低高炉、转炉炼钢产能，减少铸块、钢坯等粗钢产品和普通钢材生产，到 2025 年行业排名前 5 的企业粗钢产能力争占全省粗钢总产能的 75%，全行业产能利用率稳定在 85%～90%。石化化工行业控制燃料石油炼制行业扩张，加大化工园区规范化整治力度，进一步提升产品竞争力和创新水平，瞄准新材料、高端化学品、生物医药等化工产品终端市场，打造绿色化工。印染行业按照“整合优化、提质增效、绿色高端”的思路，实施品牌战略，率先将太湖流域打造成为全国绿色印染示范区。电子行业重点推进绿色供应链管理模式，加快推进 ROHS 管理（欧盟《关于限制在电子电气设备中使用某些有害成分的指令》），按照全生命周期绿色管理理念，对电器电子产品设计、生产等环节提出要求，对电器电子产品有害物质使用进行管控，引导绿色生产和绿色消费。建材行业推动超低排放和技术升级，淘汰落后产能，加快推广第二代新型干法水泥、第二代浮法玻璃技术与装备，推动建设绿色建材行业体系。电镀行业按照“提升一批、搬迁一批、淘汰一批”的要求，持续推进企业进入专业工业园区建设发展，提升工业园区重金属污染防治水平。包装印刷和工业涂装等行业加强结构调整、工艺改造和原料替代，减少挥发性有机物排放。“一行一策”研究制定激励政策，促进行业清洁生产和超低排放。

6.1.3　实施绿色发展领军企业计划

企业是现代经济中最重要、最活跃的主体，也是绿色低碳发展过程中最核心、最关键的力量。江苏制造业规模约占全国的 1/8，规上企业达 4.6 万家，产业门类齐全，上下游供应链紧密，经济优势突出。立足于各设区市产业特点和特色产业，围绕推动传统产业绿色转型升级、激励企业主动落实污染防治主体责任，实施绿色发展领军企业计划，在重点行业培育一批绿色龙头企业，精准投放政府补贴、税收优惠、绿色金融等激励政策，推动企业自觉向清洁生产领先水平迈进，形成绿色引领的浓厚氛围，从而实现末端治理转向源头治理。绿色领军企业在产品性能、单位产品主要污染物排放量、能耗、水耗等方面均处于国内同行业领先水平，对其应采取资金扶持、税收优惠、信贷支持等措施推进行业绿色化改造。

建设绿色工厂。推动绿色制造，通过环保提标改造淘汰落后装备、革新传统工艺技术，提升企业绿色生产水平。持续开展用地集约化、生产清洁化、废物资源化、能源低碳化等特点的绿色工厂创建活动。通过采用绿色建筑技术建设、改造厂房，预留可再生能源应用场所和合理布局厂内能量流、物资流路径，推广绿色设计和绿色采购，开发生产绿色产品，采用先进适用的清洁生产工艺技术和高效末端治理装备，淘汰落后设备，建立资源回收循环利用机制，推动用能机构优化，实现企业绿色发展。进一步完善基础设施、管理体系、能源与资源投入、产品、环境排放、环境绩效等，以更高的要求从清洁生产、资源综合利用等方面提升企业绿色化水平，打造品牌绿色工厂。支持企业实施绿色战略、绿色标准、绿色管理和绿色生产，开展绿色企业文化建设，定期发布社会责任报告和可持续发展报告，提升品牌绿色竞争力。

培育绿色产品。积极推行产品绿色设计，按照全生命周期的理念，在产品设计开发阶段系统考虑原材料选用、生产、销售、使用、回收、处理等各个环节对资源环境造成的影响，实现产品对能源资源消耗最低化、生态环境影响最小化、可再生率最大化。选择量大面广、与消费者紧密相关、条件成熟的产品，应用产品轻量化、模块化、集成化、智能化等绿色设计共性技术，采用高性能、轻量化、绿色环保的新材料，开发具有无害化、节能、环保等特性的绿色产品。做好市场推广工作，提升绿色产品供给能力和市场影响力。

推进龙头企业建立绿色供应链。在化工、机械、汽车、轻工、食品、纺织、医药、电子信息等重点行业选择一批代表性强、行业影响力大、管理水平高的龙头企业，按照产品全生命周期理念，开展绿色产业链创建。加强供应链上下游企业间绿色协调与协作，着眼在补链、延链、强链、提链开发生产中灌注绿色理念，推动企业建立产品设计、材料选用、生产、营销、回收利用、废弃物无害化处置等生命周期全绿色过程，实现资源利用高效化、环境影响最小化。引导行业龙头企业带头建立行业绿色供应链联盟，创新绿色供应链管理模式，推动供应链企业优先采购和使用绿色生态产品与设备，带动形成绿色低碳、节能环保的产业链、供应链。建立绿色原料及产品可追溯信息系统。

实施联合激励。统筹环评审批、环境执法、资金引导、绿色金融、科技服务、信任保护等各项环境政策激励措施，加大在生态环境领域的“放管服”改革支持力度。加大对绿色发展领军企业的财税政策支持，对实施绿色化改造项目一次性给予绿色发展资金扶持，优先支持环境保护专用设备企业所得税、第三方治理企业所得税、污水垃圾与污泥处理及再生水产品增值税等返还。优化环境管理服务，采用“保姆式”服务，综合运用环境管理监测监控信息化手段以服代管；对新、改、扩建项目环评审批开辟“绿色通道”，需要增加排污总量的，优先统筹调剂。实施包容审慎监管，将绿色发展领军企业自动纳入应急管控停限产豁免名单，在各类专项检查、交叉检查、重大活动保障中，适用豁免检查；强化环保信用信任保护，落实“无事不扰”各项措施。

6.1.4 建立绿色招商引资激励机制

根据各地区自然禀赋和环境质量改善要求，坚持宜工则工、宜农则农的原则，研究制定差异化的绿色招商引资标准。结合各地区现有产业特色与优势，完善产业链，明确重点发展行业、限制和禁止的产业类型。制定重点发展行业招商导向清单，对符合条件的绿色招商项目在相关税收、审批、金融等优惠政策予以倾斜，稳定企业投资信心。强化各类开发区、工业园区环境基础设施建设，提升项目落地的环境承接能力。各类开发区、工业园区应在自身配套建设的环境基础设施接纳范围内开展招商引资活动。建立第三方评估机制，对各市、县（市、区）、省级以上经济开发区开展年度绿色招商综合评估，重点针对当年审批和当年投产的项目，从亩均税收、亩均销售收入、单位电耗税收、单位能耗税收、单位主要污染物税收等指标评估招商引资绩效水平。将绿色招商评估结果与资源要素分配、政策激励相挂钩，推动各地、开发区有针对性地采取措施，促进转型升级、创新发展。

优化环境要素资源配置机制。对符合要求的重大绿色招商项目，优先安排从本区域通过产业置换、淘汰、关闭等方式获得的指标中取得，或通过排污交易获得总量指标，由项目所在地平衡排污总量指标确有困难的，由省级储备指标协调统筹解决。依法依规实施资源要素差别化价格政策，对符合要求的企业和项目在用电价格上给予优惠，探索研究用水、用气价格优惠政策，在新增用地、用能权、排污总量等指标上予以倾斜。

开辟重大优质项目环评审批绿色通道。为重大基础设施、民生工程和重大产业布局项目开辟绿色通道，环评审批实行即到即受理、即受理即评估、评估与审查同步的原则。在全省 10 个工业园区开展环境政策和制度集成改革试点基础上，持续完善“区域评估+环境标准”管理模式，不断扩大试点范围，丰富试点内容，提升试点效果，重点解决好项目环评“审批难”、化工企业“入园难”等问题。

6.1.5　探索生态产品价值实现路径

建立生态产品调查监测评价机制。有序推进山水林田湖草自然资源统一确权登记，明确生态产品权责归属。开展全省生态产品基础信息调查，形成生态产品目录清单，建立生态产品动态监测制度。研究制定符合江苏省情的生态产品价值核算体系，鼓励生态资源禀赋优越地区试点开展生态系统生产总值核算。推进生态产品价值核算结果在政府决策和绩效考核评价中的应用。

健全生态产品开发经营机制。开展生态环境治理和生态产品开发经营权益挂钩等市场开发经营模式创新，促进生态产业化，推动生态价值转化为经济价值。构建生态产品品牌培育管理体系，鼓励培育一批特色鲜明的生态产品区域公用品牌，实现生态产品增值溢价。推动生态资源权益交易，支持国家城乡融合发展试验区（江苏宁锡常接合片区）试点建设生态产品交易平台，探索建立生态资源指标及产权交易规则。健全排污权交易制度，规范运行全省排污权管理（交易）信息化平台，鼓励地方开展排污权储备，对列入年度省、市重大项目清单中属于产业政策鼓励类的项目予以支持。探索碳汇权益交易试点。开展基于生态产品价值的绿色金融服务创新，鼓励有条件地区探索设立“生态银行”“绿色银行”，推动生态资源一体化管理、开发和运营，实现生态产品的保值增值。

完善生态保护补偿机制。进一步加大对自然保护区、生态保护红线区域等生态功能重点区域的转移支付力度，通过资金补偿、产业扶持等多种形式开展横向补偿。完善水环境“双向补偿”机制，对重点国考断面、县级及以上集中式饮用水水源地进行水质达标提优奖励。研究出台空气质量激励奖补政策，探索实施环境空气质量生态补偿制度，鼓励各设区市实施乡镇（街道）空气质量补偿。落实长江全流域横向生态保护补偿制度，实施苏皖长江、滁河跨界生态补偿。

专栏 6-2　水环境“双向补偿”机制

以强化市县政府水污染防治责任、切实改善水环境质量为目标，以“谁达标、谁受益，谁超标、谁补偿”为原则，实行“双向补偿”。当断面水质达标时，由下游地区对上游地区予以补偿；当水质超标时，由上游地区对下游地区予以补偿。同时，对重点国控断面、县级及以上集中式饮用水水源地进行水质达标提优奖励，对地表水环境质量排名靠前或进位较快地区进行奖励。

（一）补偿断面

补偿区域覆盖全省，分为两类，第一类为跨市河流交界断面，第二类为直接入海入湖入江断面、输水通道控制断面以及出省的重点监控断面。

（二）考核因子

选取高锰酸盐指数、氨氮和总磷为水质考核因子，太湖流域所有断面增加总氮考核因子。

（三）水质目标

按照“入湖河流严控氮磷、陆域河流全面达Ⅲ，入海河流优于现状”的原则设置水质目标，并严于国家、省水污染防治及地表水（环境）功能区划等要求。分为以下几种情况：一是江苏省境内的陆域河流断面，全部按照水质Ⅲ类目标执行，入海河流按照严于现状水质一个类别执行。二是考核因子中，太湖流域所有河流、洪泽湖主要入湖河流的总磷指标按0.15 mg/L 的标准执行，其余补偿断面按照 0.2 mg/L 的标准执行。三是太湖流域补偿断面水质目标增设总氮指标，补偿标准按照 3 mg/L 执行。

（四）补偿方式及标准

第一类断面，当断面水质达标时，由下游地区对上游地区予以补偿；水质超标时，由上游地区对下游地区予以补偿；滞流时上、下游地区之间不补偿。第二类断面，正常流向情况下，当断面水质达标时，由省财政对上游地区予以补偿；水质超标时，由上游地区补偿省财政；受闸坝控制等原因滞流时，若水质超标则由上游地区按顺流核算的补偿资金的 30%补偿省财政；逆流时不予补偿。

补偿断面考核因子浓度超过水质目标限值时，由上游地区补偿下游地区或省财政，浓度超标 0.5 倍以下（含 0.5 倍）的，月补偿基数为 75 万元；浓度超标 0.5 倍以上、1 倍以下（含 1 倍）的，月补偿基数为 125 万元；浓度超标 1 倍以上的，月补偿基数为 200 万元；太湖流域总磷补偿基数为其他地区的 2 倍。补偿断面水质达标时，由下游地区或省财政补偿上游地区，补偿断面水质各考核因子浓度均达标时（不考虑客水影响、对照断面抵扣等因素），断面月补偿标准为 25 万元。

（五）水质达标提优奖励

对于重点国控断面，依据国家下达的水质考核评价结果，水质年均达到Ⅱ类或水质达标且较上年度提升一个类别以上的断面，省财政以每个断面 200 万元的标准，对断面考核责任地区进行奖励；年均水质达标且单月出现Ⅰ类的断面，省财政按每个断面每出现 1 次Ⅰ类奖励 200 万元的标准，对断面考核责任地区进行奖励。

对于县级及以上集中式饮用水水源地，依据省生态环境厅组织监测及核定的水质监测结果，当年全部月份均达到Ⅲ类及以上，且水质年均值达到Ⅱ类（湖库为Ⅲ类）的，省财政于期末按照每个水源地 50 万元的标准，对饮用水水源地责任地区进行奖励。

6.2 碳排放达峰政策体系

根据 2016 年温室气体排放清单分析，江苏能源活动产生的碳排放量占比高达 93.7%。为实现 2030 年前碳达峰这一目标，必须大力推动能源结构变革。发达国家经验也表明，碳排放达峰的核心路径就是“一控一增一减”：“一控”指严格控制能源消费总量，“一增”指大幅增加非化石能源供给，“一减”指持续减少以煤炭（含焦炭）为主的化石能源消费。如进一步实现碳中和，则要求能源结构发生颠覆性变革，即非化石能源和化石能源的消费比例达到 9∶1，而江苏省目前的比例是 1∶9。

6.2.1 强化目标约束和峰值引领政策体系

系统推进碳排放达峰。以能源、工业、城乡建设、交通运输等领域和钢铁、有色金属、建材、石化化工等行业为重点，加快编制碳排放达峰行动方案，深入开展二氧化碳排放达峰行动。在国家统一规划的前提下，分阶段、分领域、分地区有序推进二氧化碳排放达峰，推动南京、苏州、无锡、常州、镇江等城市和电力、建材、钢铁等重点行业率先达峰，促进高耗能行业的脱碳化和现代化。鼓励地方探索创新碳排放“双控”模式。支持园区开展碳排放总量控制和专项评估，推动实施绿色化、低碳化改造。鼓励大型企业，特别是大型国有企业制定二氧化碳达峰行动方案。实施碳排放总量和强度“双控”，开展达峰目标任务分解，加强指标约束，将碳达峰、碳中和相关指标纳入经济社会发展综合评价体系，目标任务落实情况纳入省级生态环境保护督查。

强化低碳发展规划导向。将碳达峰、碳中和目标要求纳入各级发展规划、国土空间规划、专项规划和区域规划。加强各级各类规划间的衔接，确保各地区、各领域在落实碳达峰碳中和主要目标、重点任务及保障措施等方面协调统一。强化绿色低碳循环发展导向和任务要求，把握“一带一路”建设、长江经济带发展、长三角一体化发展等国家重大发展战略机遇，持续优化重大基础设施、重大生产力和公共资源布局，加快形成有利于碳达峰、碳中和的国土空间开发保护新格局。

6.2.2 健全碳排放的法规政策体系

推进应对气候变化地方立法。结合国家有关立法进展情况，有序推进应对气候变化相关地方性法规制修订，推动省级应对气候变化立法工作，鼓励支持有条件的设区市制定应对气候变化地方性法规，为落实控制温室气体排放行动目标、推进重点领域适应气候变化工作、制定重大低碳发展政策奠定法规基础。推动形成积极应对气候变化的环境经济政策框架体系，充分发挥环境经济政策对于应对气候变化工作的引导作用。

加强温室气体排放统计与核算。健全温室气体排放基础数据统计指标体系，进一步完善相关统计报表制度，在环境统计相关工作中协同开展温室气体排放专项调查。常态化、规范化编制省级和市县温室气体清单，完善市县温室气体清单编制指南，建立长效协同工作机制。建立常态化的应对气候变化基础数据获取渠道和部门会商机制，研究碳排放快速核算方法，进一步完善设区市碳排放强度核算方法。

完善低碳技术产品推广政策。遴选发布重点推广的节能、低碳技术和产品目录。在苏南国家自主创新示范区和国家低碳试点城市等重点地区，加强低碳技术和产品集中示范推广应用，重点建设“光伏+”、微电网应用、氢储能及加氢站试点、便捷充换电池基础设施推广、近零排放、二氧化碳大规模捕集和高值化利用试点、低碳服务业管理等示范工程。

6.2.3 完善有利于碳减排的市场政策

完善财税价格政策。落实绿色低碳产业发展和节能降耗、低碳能源等建设项目财税支持政策。完善涵盖节能、环保、低碳等要求的政府绿色采购制度，优先采购高能效产品和设备。推动企业所得税减免、专用设备投资额抵免、增值税即征即退等税收优惠政策延伸至碳减排领域，支持和激励企业实施碳减排工程。建立健全促进可再生能源规模化发展的价格机制。持续完善并严格落实惩罚性电价、差别化电价等价格政策，鼓励开展供热计量改革和按供热量收费机制。严禁对高耗能、高排放、资源型行业实施电价优惠。

积极发展绿色金融。研究设立全省清洁能源发展基金，规范并逐步取消不利于节能减碳的化石能源补贴，引导社会资本进入清洁能源生产领域。健全气候投融资机制，研究制定符合低碳发展要求的产品和服务需求标准指引，支持符合条件的项目纳入国家自主贡献项目库，加快建立省级气候投融资项目库。鼓励银行业金融机构和保险公司设立特色支行（部门），支持和激励各类金融机构开发气候友好型的绿色金融产品，在风险可控、商业可持续的前提下对重大气候项目提供有效的金融支持。创新“低碳”绿色金融产品，加大绿色信贷、绿色债券对低碳项目的支持力度，积极探索碳排放权抵押融资。

高水平参与碳市场建设。建立健全碳排放权交易制度，健全碳排放配额分配和市场调节机制，建立市场风险预警与防控体系，实施碳排放配额管控试点。组织石化、化工、建材、钢铁、有色、造纸、电力、航空等重点行业企业在全国排污许可证管理信息平台报送温室气体排放报告，并组织对其开展核查。建立多方面、多层次、持续长效的能力建设机制，提升各级生态环境部门、重点排放单位、第三方核查机构的业务能力。加强碳排放权交易第三方核查机构管理，培育碳交易咨询、碳资产管理、碳金融服务等碳交易服务机构，建立碳市场专业技术人才队伍。健全企业、金融机构等碳排放报告和信息披露制度。

6.2.4　构建温室气体和大气污染协同治理体系

制定工业、农业温室气体和污染减排协同控制方案，减少温室气体和污染排放。加强污水、垃圾等集中处置设施温室气体排放协同控制。研究将应对气候变化要求纳入“三线一单”生态环境分区管控体系。将碳评纳入环评，通过规划环评、项目环评推动区域、行业和企业落实煤炭等量减量替代、温室气体排放控制等政策要求。将碳排放控制纳入全省工业园区（集中区）污染物限值限量管理体系。探索温室气体排放与污染防治监管体系的有效衔接路径，加强对温室气体排放重点单位和生态保护红线等重点区域的监管并将其纳入生态环境监管执法体系。开展协同减排和融合管控试点。建立高耗能、高排放项目信息部门间互通机制，推动项目开展碳排放专项评估。建设全省低碳综合管理信息平台。

专栏6-3　协同减排和融合管控试点

开展协同减排和融合管控专项试点，强化治理目标的一致性和治理体系的协同性，探索温室气体排放与污染防治监管体系的有效衔接路径。突出源头优化，统筹温室气体和大气污染物协同控制，倒逼经济结构、能源结构、产业结构、运输结构等调整，同步减少温室气体和污染物排放。加强污水、垃圾等几种处置设施温室气体排放协同控制。加强全过程监管，积极推动排放单位监管、排污许可制度、减排措施融合，将碳排放重点企业纳入污染源日常监管。率先推进碳排放报告、监测、核查制度与排污许可制度融合，推进企事业单位污染物和温室气体排放相关数据的统一采集、相互补充、交叉校核。将减煤目标纳入碳排放配额分配因素组成和碳排放权交易体系设计框架。

6.2.5 完善低碳试点发展支持政策

将应对气候变化相关工作纳入省生态环境保护专项资金支持类别，重点支持可再生能源、节能等领域，以及低碳试点示范、适应气候变化能力建设工作。以能源活动二氧化碳直接排放为重点，研究制定近零碳排放区示范工程建设指标体系和建设指南，强化近零碳排放区示范工程建设政策支持。优先支持国家低碳城市、城（镇）、园区等，选择有条件的区域开展近零碳排放区示范工程，择优创建国家近零碳排放区。探索建设一批“近零碳”园区和工厂，总结可推广、可复制的路径和模式，建设一批碳中和示范区，加快形成符合江苏省自身特点的“零碳”发展模式。

编制低碳、绿色认证目录清单，指导园区、企业和工厂开展低碳认证，加大对符合标准的绿色低碳产品的政府采购力度。落实国家对节能减排、合同能源管理、资源综合利用产品增值税及所得税的优惠政策。创新和完善促进绿色低碳发展的价格机制。制订《江苏省重点行业、企业低碳化改造技术指南》，开展碳排放对标活动，启动一批重点企业开展低碳化改造试点。

专栏6-4 低碳试点示范建设

深化区域低碳发展试点。适时启动国家低碳省试点创建工作。深入推进省内现有国家低碳城市、低碳城（镇）、低碳园区建设，在全省复制、推广典型经验和模式。支持符合条件的地区（单位）创建国家低碳城市试点、国家气候适应型城市建设试点、国家低碳工业园区试点和国家低碳示范社区试点。广泛开展低碳商业、低碳旅游、低碳企业和碳普惠制试点。

开展近零碳排放区示范。研究制定近零碳排放区示范工程建设指标体系和建设指南，强化近零碳排放区示范工程建设政策支持。优先支持国家低碳城市、城（镇）、园区等，选择有条件的对象开展近零碳排放区示范工程，择优创建国家近零碳排放区。探索建设一批“零碳”园区、“零碳”工厂，总结可推广、可复制的示范试点经验，加快形成符合江苏省自身特点的“零碳”发展模式。

推进碳捕集、利用与封存示范。以二氧化碳捕集、利用与封存的规模化、高值化和产业化为方向，重点开展二氧化碳的矿物、化学、生物转化利用技术试点示范，重点突破天然矿物封存、高值化学品制备、藻类大规模培育及高效生物光合反应器放大技术等方面，鼓励可降解塑料合成、化肥生产、饮料添加剂生产、食品保鲜和储存、油田驱油等产业发展，禁止非法开采地下二氧化碳气田。

6.3　生态保护修复政策体系

2020 年 11 月，习近平主持召开全面推动长江经济带发展座谈会并发表重要讲话。要从生态系统整体性和流域系统性出发，追根溯源、系统治疗，防止“头痛医头，脚痛医脚”。要找出问题根源，从源头上开展生态环境修复和保护。要加强协同联动，强化山水林田湖草等各种生态要素的协同治理，推动上、中、下游地区的互动协作，增强各项举措的关联性和耦合性。

6.3.1　完善生态空间管控政策体系

全面落实生态红线和生态空间管控。制定实施《江苏省生态空间管控区域监督管理办法》，出台全省生态空间管控区域监督管理评估考核细则，完善生态空间保护区域监管平台，加强生态空间管控区域监管。强化生态保护红线、生态破坏问题监督管理，建立“监控发现－移交查处－督促整改”工作流程。借助遥感监测等现代化手段，科学监控脆弱区域内生态保护红线变化状况，实施差别化管控措施。建立健全山水林田湖草沙生态修复、重要生态保护工程及重大开发建设活动修复标准规范。

专栏 6-5　江苏省生态空间管控区域监督管理办法

为深入贯彻落实习近平总书记视察江苏重要讲话精神，建立最严格的生态空间管控制度，加强生态空间生态环境监管，守住自然安全边界，编制江苏省生态空间管控区域监督管理办法。

管控要求：对《江苏省生态空间管控区域规划》批准的生态空间管控区域名录、范围，以生态保护为重点，原则上不得开展有损主导生态功能的开发建设活动，不得随意占用和调整。对不同类型和保护对象，实行共同与差别化的管控措施；若同一生态空间兼具两种以上类别，按最严格的要求落实监管措施，确保生态空间管控区域“功能不降低、面积不减少、性质不改变”。

——实施全类型过程监管。从修复补偿、监督管理等各个环节系统构建全过程的生态空间管控区域监管体系。构建发现问题—核查问题—问题整改—问题销号的监管闭环，并通过考核评估进行监督，将考核结果纳入生态文明建设目标评价考核体系和高质量发展考核体系之中，作为安排生态补偿转移支付资金的重要依据。

——强化和细化正负面清单。结合相关法律法规和部门规章，进一步细化生态空间管控区域内允许开展的对生态功能不造成破坏的人类活动情形，界定了活动规模、强度、布局等条件，形成管控清单。

——奖惩结合，正面激励。围绕“谁保护的多、谁保护的好、谁保护的重要，谁就多受益”的原则，明确不同区域、不同类型的差异化补助政策，更加突出生态环境质量提升的激励导向。

——构建政策工具箱。明确提出要完善生态补偿、投融资机制，构建监测监控网络体系，强化考核评估等。

责任分工：江苏省人民政府对划定并严守生态空间管控区域的工作负总责；设区市人民政府是严守本辖区生态空间管控区域的责任主体；县（市、区）人民政府负责本辖区生态空间管控区域的落地。

自然资源主管部门负责生态空间管控区域的划定、优化调整和勘界定标等工作；生态环境主管部门牵头负责生态空间管控区域监督管理和执法工作；林业主管部门管理森林公园、地质公园、海洋特别保护区（陆地部分）、重要湿地、生态公益林；水利主管部门管理洪水调蓄区、重要水源涵养区、清水通道维护区；农业农村主管部门管理重要渔业水域；水利、林业主管部门管理自然保护区、风景名胜区、湿地公园；农业农村、林业主管部门管理特殊物种保护区；生态环境、水利、住房和城乡建设主管部门管理饮用水水源地保护区；生态环境、水利、住房和城乡建设、农业农村、林业主管部门管理太湖重要保护区。深化区域低碳发展试点。

强化生态保护执法监督。开展生态保护红线基础调查和人类活动遥感监测，及时发现、移交、查处各类生态破坏问题并监督保护修复情况。以自然保护地、生态保护红线为重点，依法统一开展生态环境保护执法，完善执法信息移交、反馈机制。强化生态环境保护综合执法与自然资源、水利、林业等相关部门协同执法。持续开展“绿盾”专项行动，推动问题整改到位。对生态红线保护区域内已完成清理整治的问题开展“回头看”。

开展生态系统保护成效监测评估。加强对省级及以下自然保护地的监测与评估。编制生态保护状况报告和全省生态状况变化遥感调查评估。定期组织开展生态保护修复工程实施成效自评估，开展生态保护修复工程，实施全过程生态质量、环境质量变化情况监测。加强监测评估成果综合应用，将生态环境质量状况监测评估结果作为开展自然保护地与生态保护红线保护补偿、中央财政重点生态功能区转移支付政策的重要依据。将重要生态保护修复工程成效评估作为优化生态保护修复治理专项资金配置的重要依据。

6.3.2 生态保护修复模式和政策创新

建立自然生态保护修复行为负面清单制度。党的十九届五中全会提出，要坚持尊重自然、顺应自然、保护自然，坚持节约优先、保护优先、自然恢复为主，建立生态环境保护硬约束机制。近年来，江苏省自然生态保护修复势头良好，长江经济带生态环境保护发生了转折性变化。但在生态系统保护修复中，存在违背生态规律，保护不系统、不科学等问题，需要从生态系统整体性和流域系统出发，追根溯源，制定自然生态保护修复行为负面清单，引导实施科学的、积极的、适度的人工干预，坚决杜绝损坏、破坏自然生态的“伪生态”行为，最大限度地保留自然空间及其客观演替过程。现有生产生活设施建设、自然生态修复增量发展部分，必须严格按照负面清单执行，严禁以任何形式擅自放宽或者选择性执行。既有的不符合负面清单要求的占用岸线、河段、土地和布局的产业和工程，应当逐步有序退让退出。

推进自然生态修举试验区试点建设。在沿江、沿海、沿河、沿湖等重要生态廊道、重点生态交汇区，选取 3～4 个典型区域开展自然生态修举试验区建设试点，对已经受污染、受损害和受破坏的自然生态系统，实施科学的、积极的和适度的人工干预措施，促进生态系统的自我调节和有序演化，增强环境自我修复能力。充分总结试点地区建设经验，形成自然生态修举试验区建设制度框架体系及建设方案，出台专项资金补助、金融优惠、考核加分等激励政策，扩大建设范围，推动区域性的修举发展为全省的自然生态修举，既能提高全省生态质量指数水平，又能推动区域高质量发展，推动全省自然生态系统实现“政通人和，百事修举”。

专栏 6-6　自然生态修举试验区

江苏省平原广阔、通江达海、水网密布，是江、河、湖、海等多点交汇聚集的典型平原水乡，以占全国 1%的国土面积，承载全国约 6%的人口，创造超过全国 10%的经济总量，全域土地开发强度大，传统意义上的原生态区域少，生态环境资源“先天不足”，无法单纯依靠自然恢复逆转受损的生态系统。基于江苏现状，开展自然生态修举试验区建设，推动生态系统质量全面提升，彰显自然生态之美。自然生态修举试验区系指基于自然的解决方案，针对区域自然生态系统本底特征和资源环境承载力，以尊重自然生态规律为前提，因地制宜采用保育保护、自然恢复、辅助恢复和生态重塑等措施，统筹开展生态优先和全生命周期的生态化改造，使区域生态系统进入良性循环，建立充满韧性的动态生态环境系统。修举试验区意为兴复、恢复，应用到自然生态领域，实质上就是对已经受污染、受损害和受破坏的自然生态系统，实施科学的、积极的和适度的人工干预措施，实现生态系统的正向演替。

（一）指标体系设置

结合江苏省实际，设置生态系统格局稳定性、生物多样性、生态服务功能、生态胁迫、减污降碳和生态制度六大类、25 项具体指标，作为自然生态修举试验区建设任务设置、目标方向确定、动态管理和成效评估的重要参考。建设地区可根据地区实际选取其中的若干建设评估指标，也可以自行再设置其他特色指标。

（二）建设任务

保持自然生态系统原真性。统筹规划生产空间、生活空间和生态空间，合理控制开发强度，鼓励重要生态空间内的生产生活设施逐步退出，严格控制生态空间转为农业空间、城镇空间，确保区域生态空间只增不减。按照自然生态系统完整性、物种栖息地连通性、保护管理统一的原则，恢复拓展、整合优化自然生态空间，增加水面、湿地、林地等生态功能面积，构建城市间、城镇内部绿色空间和生态安全格局。

恢复受损的生态系统。因地制宜推进河湖滨岸硬化、直化问题治理，重塑健康自然的弯曲岸线，营造自然深潭浅滩和泛洪漫滩，恢复河流自然形态；减少渠底硬化，因势利导改造渠化河道。针对滨岸带破坏严重、硬化比例较高的河段，在保障防洪安全前提下，尽可能采用具有透水性和多孔性特征的生态型岸坡防护，增加生态护岸比例；推进农村房前屋后河塘沟渠河道清淤、岸坡整治，打通断头河（浜）、新建连通通道，逐步恢复、重建、优化农村河湖水系布局。

塑造生物多样性特色形态。优化河湖生态空间结构，连通水生生物通道，营造有利于水生植物生长、底栖动物和鱼类觅食与繁殖的自然环境，恢复水生生物资源。营造地带性植被群落，以乡土适生树种、草种构建“复层、异龄、混交、多功能”的生态廊道和防护体系。在地形改造、驳岸整理的基础上，营建由乔木、灌木、多年生地被和水生植物组成的湿地植被带。

构建低影响开发的引导模式。进一步优化江河湖海岸线利用布局，严控新增生产性利用，腾退恢复被挤占破坏的自然岸线，开展腾退岸线复原复绿，有效提升岸线生态空间比例。合理防止土地大面积硬化，实现城乡水文良性循环。采用生态沟渠、植物隔离条带等减缓污染冲击，减少尾水对河流、湖泊、海洋环境的直接污染。

创新生态保护制度。以自然生态保护修复行为负面清单为基础，结合地方特点，针对不合理的自然生态保护修复行为系统实施负面清单内容，禁止人工造湖、硬质化堤岸护坡、河流裁弯取直、河流闸坝过多、河底硬化护砌等违背自然规律的过度人工干预行为，提高生态保护修复工作的科学性。创造多元化的公众参与途径，推动公众参与生态修举工作监管，构建全民共治共享的生态治理格局。

推进生态安全缓冲区建设。制定出台生态安全缓冲区建设管理办法、评估方法及建设技术指南。坚持系统化思维，以自然生态保护和修复为核心，以小流域和小区域为单元，因地制宜考虑城乡发展本底和自然生态环境现状，在太湖、长江、京杭大运河沿岸、城市近郊、“绿水青山就是金山银山”实践创新基地等区域，先行打造生态安全缓冲区示范工程，构建生态安全屏障，遏制开发边界无序扩张，维护生态保护网络边界，有效保护自然生态禀赋，提高生态空间抗风险能力。逐步扩大试点范围和试点类型，引导在重点排污口下游、河流入湖（海）口、支流入干流处等关键节点因地制宜建设人工湿地等水质净化工程设施，切实减少污染负荷。

专栏 6-7　江苏省生态安全缓冲区建设主要模式

江苏污染物排放总量仍在高位运行，环境质量改善难度越来越大，治污边际成本不断上升，需要牢固树立和践行“绿水青山就是金山银山”的理念，坚持保护优先、自然恢复为主的方针，优化生态空间格局，充分利用自然降解和恢复能力，扩大生态环境容量，降低治污成本，有效保护自然生态禀赋，创新生态保护和修复制度体系，满足人民群众日益增长的生态需求，筑牢生态安全屏障。生态安全缓冲区系指生态空间中具有消纳、降解和净化环境污染，抵御、缓解和降低生态影响功能的过渡地带，包括能够涵养水源、维护生物多样性、稳定生态功能等的生态功能区。

（1）生态净化型。在城镇污水集中处理厂边缘，通过建设自然湿地或修复人工湿地等途径，对达标处理后的一级 A 尾水进行生态降解削减，进一步减轻氮、磷等污染物对河流、湖泊水体的冲击。

（2）生态涵养型。在重要江河湖海出入口处，通过修筑生态岸线、建设浅滩湿地、建设河湖缓冲带、退渔（田）还湿、种植耐污植物等途径，打造生态廊道，提升生态功能，提高生态环境承载力，改善流域水环境质量。

（3）生态修复型。以腾退、搬迁的重污染场地为重点，开展受污染土壤、水体的治理修复，削减有毒有害物质，降低污染负荷。

（4）生态保护型。在聚集的生产型村落、城郊接合部等外围边缘地带，划出一定的生态保护范围，整合湿地、水网、林草等自然要素，以郊野公园建设为主体，维护生态平衡。

6.3.3　健全生物多样性保护制度体系

完善生物多样性保护网络。出台加强生物多样性保护的指导意见，推进《江苏省生物多样性保护条例》的立法工作。制定基于生物多样性、以特征动植物为标识的自然生态质量评价标准、技术导则和编目规范。深化江苏生物多样性本底调查，摸清生态家底，编制江苏生物多样性物种保护目录、外来物种优先控制名录，建立生物多样性数据库、基因库、样本样品库和重点实验室，建设一批地面生态观测站，观测样区、样线和样方。

加强珍稀濒危物种及其栖息地保护。编制《江苏省珍稀濒危物种名录》，制定“指示性物种清单”与珍稀濒危物种名录。加强国家重点保护和对珍稀濒危野生动植物及其栖息地、原生境的保护，打造沿海候鸟越冬地和濒危鸟类繁育地，长江水生生物洄游通道和栖息地及南北丘陵昆虫、鸟类、野生哺乳动物栖息地。建立野生动植物救护繁（培）育中心及野放（化）基地，实施珍稀濒危物种抢救性保护。开展生物遗传资源和生物多样性相关传统知识调查、登记和数据库建设，健全生物遗传资源获取与惠益分享管理制度。全面禁止非法交易野生动物。

强化生物安全管理。加强外来物种管控，构建外来入侵物种风险评估与预警体系，持续开展自然生态系统外来入侵物种调查、监测和预警。加强对自然保护地、生物多样性保护优先区域等重点区域外来入侵物种防控工作的监督，开展自然保护地外来入侵物种防控成效评估。构建生物安全评估预警体系和快速反应机制，强化生物安全风险管控。加强生物技术的环境安全监管，建立生物技术的环境风险评价、监测、预警和安全控制体系。

6.4 生态环保责任政策体系

6.4.1 夯实领导责任体系

完善省负总责、市县抓落实的工作机制。落实省级生态环境保护责任清单，省各有关部门要各司其职，密切配合，协同推进各项目标任务落实。市县党委和政府要落实主体责任，切实做好监管执法、市场规范、资金安排和宣传教育等工作。健全目标评价考核制度，对生态环境年度目标任务完成情况、碳减排任务完成情况、生态环境质量状况、资金投入使用情况、公众满意程度等方面开展全方位考核，考核结果作为领导班子和领导干部实绩考核评价和奖惩任免的重要依据，推动落实生态环境治理领导责任。健全生态环境绩效考核和责任追究制度。建立健全上下游、左右岸、上下风向污染无过错责任举证制度。

专栏 6-8 省内跨界断面水质异常上游无过错举证政策

跨界断面水质异常波动，原因经常“说不清”，有时断面水质恢复正常之后不了了之，真正污染源头不明，致使断面污染隐患始终存在。太湖流域是典型的江南水系，河湖水网密布，各市、县行政交界区域汇水复杂，跨界水污染纠纷较为频繁，为上游无过错举证提供了充足的案例样本，对于完善制度设计具有重要意义。

——“流向稳定，上游举证”原则。当试点跨界断面出现水质异常时，断面所在水体常年流向稳定的，如上游市局没有明确证据证明水质异常由下游境内污染导致，则按照过错推定原则，认定为上游污染责任；如上游市局经溯源排查，发现水质异常确由下游污染造成，则应在规定时间内向省厅提交无过错举证申请和举证材料，并同步抄送下游市局。

——“流向不定、联合举证”原则。当试点跨界断面出现水质异常时，如断面所在水体常年流向不定，或断面所在水体交界双方为左右岸关系，则上、下游市局应联合开展加密监测、现场排查等工作，并根据监测排查情况锁定污染来源，分清污染责任；如上、下游市局无法就污染责任达成一致，可在规定时间内分别向江苏省生态环境厅提交无过错举证申请和举证材料。

——关于举证有效性的判定。江苏省生态环境厅要求上、下游市局应对所提交举证材料的真实性、完整性、准确性负责，举证应以溯源为导向，提交材料应当有翔实的溯源分析和明确的调查结论，且需给出污染责任方的明确指向，方为有效举证。省厅在接到举证申请和举证材料后，开展会商审核，通过投票最终确定污染责任方。

——结果应用。上游无过错举证的裁定结果将作为省级考核排名以及核算补偿金额的重要依据。当举证双方为上下游关系时，裁定为上游无过错的，试点跨界断面相关异常指标的监测数据不参与上游地区当月省级水质考核与排名统计，且不作为补偿金额核算依据；裁定为下游无过错的，在当月试点跨界断面所在河流下游境内相邻的第一个省控断面水质考核与排名统计时，参照《水污染防治行动计划实施情况考核规定（试行）》有关规定扣除上游来水影响。当举证双方为左右岸关系时，裁定无过错的一方，断面相关异常指标的监测数据不参与该地区当月省级水质评价、考核与排名统计，且不作为补偿金额核算依据。

增加综合考核绿色含量。在高质量发展考核共性指标体系中提高环境质量指标、碳排放强度指标的权重，对发生重大生态环境事件，出现中央环保督察“回头看”问题，存在长江生态环境突出问题整改不到位等情形，或发生造成恶劣社会影响的其他环境污染事件等，予以扣分。环境质量不升反降的设区市，原则上不得评为第一等次。对具有重要生态保护功能地区、生态保护引领区、“绿水青山就是金山银山”基地等采取差异化考核，将GEP核算结果作为考量区域绿色发展、生态文明建设等工作的重要依据，取消或弱化考核GDP总量和增速。探索建立对GEP考核成绩突出地区的财政资金倾斜机制，对GEP核算排名靠前，将GEP核算纳入规划、考核和决策的地区，加大奖励和扶持力度，在安排相关专项资金时予以倾斜。

6.4.2 健全企业主体责任体系

推动企业开展全过程环境管理。落实环境管理标准化、规范化建设，规范污染防治行为，提升企业环境绩效。引导企业实施高水平的节能减排和资源环境效率管理，督促企业自觉遵守生态环境相关法律法规和监督管理制度，主动落实生态环境保护责任。通过市场化手段和激励措施，加快推进排污企业安装使用在线监测监控设备。积极推进清洁生产审核模式创新，探索清洁生产审核制度与排污许可制度相衔接的模式。加强企业环保社会责任制度建设，推动行业协会和企业自发开展行业环保社会承诺。

深化环境信息依法披露制度改革。落实环境信息依法强制性披露规范要求，依法推动企业落实环境信息强制性披露法定义务。建立健全引导、规范企业披露环境信息的制度体系，推动企业自觉遵守环境行为准则。加强对环境信息强制性披露企业的管理，强化政府监管和社会监督，严格落实监督检查、行政处罚、信用评价等措施。健全环境信息依法强制性披露监督机制，加强环境信息强制性披露联合监督，将环境信息强制性披露纳入企业信用管理，作为评价企业信用的重要指标。健全环境信息披露第三方服务机制，培育和规范环境信息披露服务市场，引导咨询服务机构、行业协会商会等第三方机构为企业提供专业化环境信息披露服务。强化环境信息强制性披露行业管理，将环境信息强制性披露纳入绿色制造评价、金融风险管控等体系，建立环境信息共享机制，实现互联互通、共享共用。

6.4.3 健全督查监察体系

强化污染全过程治理的专项督查。围绕污水处理、废气治理、废弃物回收、“绿岛”等环境基础设施建设，聚焦污染物收集处置、能源清洁化利用、生态环境监测监控、环境应急处置“四个能力”，以及生态环境保护重要法律法规、政策、标准规范以及规划环评等执行情况，精准开展专项督查，为推动环境质量长期稳定明显改善提供重要支撑，扎实做好打基础、管根本、利长远的工作。

推进环境监察标准化建设。推进监察制度标准化，贯彻落实《江苏省生态环境保护督查工作规定》，制定例行督查、专项督查、派驻监察实施办法，明确督查流程、标准、规范等配套制度，进一步理顺监察条线体制机制；推进监察流程标准化，健全例行督查、专项督查、派驻监察等工作规程，探索开展探讨式部门监察模式，进一步规范监察条线督政流程；推进监察保障标准化，建立人员培训、统一着装、统一持证、装备配置、工作纪律等制度，进一步提高监察条线工作能力；推进监察信息标准化，建成生态环境保护督查信息系统，运用大数据思维联通“线上线下”监督，开发整改调度、预警督办、汇总分析、信息共享等功能，实现督查问题的精准溯源和高效解决。

开展督查成效量化评估。落实江苏省生态环境保护督查整改工作规定，抓好问题整改，提升督查效能。针对例行督查、专项督查等建立督查效能评估模型，设置整改方案科学性、整改任务完成率、整改目标达成率、人民群众满意度等指标，深入分析督查对地方解决突出环境问题、改善区域环境质量、推动经济社会高质量发展的作用，实现监察力量精准投放，监察重点精准发力，监察效能有力提高。

6.5 生态环境经济政策体系

自2017年《“两减六治三提升”专项行动方案》和《江苏省提升环境经济政策调控水平专项行动实施方案》实施以来，江苏省不断完善污染物排放总量挂钩的财政政策、生态补偿转移支付政策、绿色金融政策，基本建立了相对完善的环境经济政策体系，提高了各地绿色发展的主动性和积极性，促进了江苏省生态环境质量持续改善。当前江苏省环境经济政策存在如下问题：一是现有污染物总量收费标准未能更好地体现资源稀缺性，2020年浙江已将排污收费标准从4 000元/t（其他地区）、5 000元/t（重要生态功能区）提高至5 000元/t和6 000元/t，而江苏省平均收费标准仅为1 700元/t（苏南、苏北、苏中分别为2 000元/t、1 700元/t、1 500元/t），总量减排的统计、监测和考核体系有待进一步完善；二是财政奖补机制主要以各地市环境污染总量排放、环境质量是否完成下达的改善目标等为标准，难以有效激励各地主动提升环境质量，例如，缺乏对空气质量和重点断面水质改善、单位GDP能耗下降率超额或提前完成地区目标的奖励机制；三是生态补偿“重面积、轻质量”，2/3的补偿资金按照不同生态红线类型的面积进行转移支付，对生态环境质量和生态系统服务功能提升区域的奖励扶持力度不够；四是差别化电价、水价等价格对推动企业开展污染治理调控作用明显，应结合环保信用评价进一步扩大范围，但对限制高耗能、重污染行业扩张和推动传统行业节能降耗的调控作用不明显，应进一步加大对高耗能、重污染行业的差别化电价和水价力度。

为进一步落实生态环境治理体系与治理能力现代化部省合作协议，应更好地引导和激励各地推动绿色发展，按照集中财力办大事的原则，有机整合完善现有生态环境类财政、价格政策，强化“环境质量只能变好不能变差”“干好干坏不一样”的鲜明导向，建立具有江苏特色的环境经济政策体系。

6.5.1 健全生态保护财税政策

完善污染物总量排放收费标准资金返还机制。省财政继续按化学需氧量、氨氮、二氧化硫、氮氧化物、总氮、总磷、挥发性有机物等主要污染物年排放总量向各市、县（市、区）政府收费。进一步提高总量收费标准，由省财政对苏南、苏中、苏北地区分别按每吨（总磷按每百千克）3 000元、2 500元、2 000元收取污染排放统筹资金。继续将资金返还与各地年度减排任务和环境质量指标完成情况挂钩，将最高返还比例提高至90%。根据污染物减排考核结果，对完成年度减排任务的市、县（市、区），按收取该地区资金总额的45%返还，化学需氧量、氨氮、二氧化硫、氮氧化物、总氮减排任务有一项未完成的，返还比例降低5个百分点，总磷、挥发性有机物减排任务中有一项未完成的，返还比例降低

10 个百分点。对空气质量优良天数比例、$PM_{2.5}$ 年均浓度、地表水达到或好于Ⅲ类水体比例、地表水功能区达标率四项指标达到省定任务的市、县（市、区），分别按收取该市、县（市、区）统筹资金总额的 15%、10%、10%、10%进行返还。返还资金由各市、县（市、区）统筹用于生态环境治理与美丽江苏建设。

建立以绿色发展和环境质量改善绩效为导向的财政奖惩制度。省财政对各市、县（市、区）空气质量优良天数比例、$PM_{2.5}$ 年均浓度、国考断面水质、省考以上断面好于Ⅲ类水比例、煤炭消费总量和单位生产总值能耗建立财政奖惩制度。对建设国家“绿水青山就是金山银山”创新实践基地、国家生态修复示范区、生态引领区等的地区，省财政实行生态示范建设财政专项激励政策，通过竞争性分配方式确定扶持范围。

6.5.2 创新第三方环境治理市场模式

壮大第三方治理市场。聚焦工业炉窑整治、餐饮油烟治理、渣土车治理等关键领域，应用“政府补贴+第三方治理+税收优惠”联动机制，激励企业污染治理装备更新换代，鼓励第三方企业参与重点领域环境治理，给予达标排放企业相应税收优惠待遇、财政资金奖励和信贷融资支持。拓展治理领域，鼓励第三方治理企业创新业务模式，在餐厨和生活垃圾处理、农业面源污染、农村环境综合整治、企业能源、水资源和污染物治理等领域创新合作模式，引导第三方治理由单一业务向综合服务拓展，提供生态环境整体解决方案。完善治理经验推介机制。充分利用项目申报、自我推介、媒体报道，以及会议推介、现场观摩等方式，推广各地先进经验，推动第三方治理由试点示范向全面推广应用转化。

规范创新第三方治理盈利机制。建立差异化企业营收模式，以政府为责任主体的环境公用设施等，采取政府购买服务等方式付费；政府和企业为共同责任主体的工业园区或“小散”企业，可以在协商的基础上建立合同支付模式；对于企业承担主体责任的，采用委托治理和委托运营的方式并由企业付费。完善治理服务收费标准，建立以政府基本定价为基础、按照市场实际情况浮动的费用支付模式。

健全第三方管理机制。研究建立第三方治理数据库，建立涉公共服务类项目资格审查制度，完善第三方治理验收、移交制度，健全第三方治理惩处、退出机制。建立权责相应的参与主体约束机制。利用征信管理、行政执法等方式，严厉打击第三方治理中的失信行为；同时，规范相关政府部门、委托方履约行为，切实维护第三方治理企业的合法权益；对治理效果与治理目标存在明显差异的项目，依法追究相关主体责任。

专栏 6-9　餐饮油烟治理的“政府补贴+第三方治理+税收优惠”治理模式

按照“先行试点、稳健实施、积累经验、逐步推开”的原则，积极探索餐饮油烟治理的新模式，出台一批市场化政策，扶持餐饮油烟净化设备制造企业和第三方治理企业健康发展。

（1）制定餐饮油烟治理规范，鼓励能够达到治理规范的优秀餐饮油烟净化一体化设备制造企业进入江苏省餐饮油烟治理市场。结合全国各地成功应用案例，联合商务厅、市场监督管理局、城管局、餐饮协会等发布高效净化设备推荐品牌名单，实施动态更新。

（2）对试点地区单独安装推荐品牌名单中的油烟净化设备的大中型餐饮企业，省财政按照设备及安装总额的 30%予以一次性补助，市级财政按比例予以配套，确保补助总额不低于设备及安装总额的 50%。

（3）通过公开招标，对于试点地区小型餐饮企业统一安装油烟净化设备的，省市财政配套予以补助，补助比例不低于设备及安装总额的 60%。委托第三方统一运维服务的，按照试点期间服务合同总额予以 50%补助。补助资金由省市两级财政各承担 30%。

（4）对排放水平优于规定标准的餐饮企业给予奖励。根据在线监测数据结果，对能确保稳定达到油烟≤0.5 mg/m^3、非甲烷总烃≤5 mg/m^3 的餐饮企业给予低息贷款、税收减免等政策奖励，并在各类相关评比中予以表彰宣传。

（5）对国内先进设备生产企业在省内具有产业定位的园区建设生产基地的，纳入项目环评“绿色通道”。

（6）对于治理效果好的生产和第三方治理企业，按照《关于深入推进绿色金融服务生态环境高质量发展的实施意见》，协调金融机构给予低息贷款；对符合绿色金融奖补政策的，给予贷款贴息等支持。

（7）对各地区按照政府购买服务方式开展餐饮油烟在线监测的，省级财政按照总金额的 20%予以补助。

6.5.3　健全差别化价格激励机制

制定落实差别化的绿色价费政策。建立差别化的价格激励体系，建立排放绩效导向、阶梯式激励、差别化补贴的超低排放补贴模式。严格落实铁合金、电石、烧碱、水泥、钢铁、黄磷、锌冶炼等 7 个行业的差别电价政策，对淘汰类和限制类企业用电（含市场化交易电量）收取更高费用。实施支持性电价政策，降低岸电使用服务费，推动港口码头使用岸电。实施电价优惠，推进绿色农业生产和农村污水处理设施运营。根据企业排放污水中主要污染物种类、浓度和环保信用评级等，分类分档制定差别化收费标准，促进企业污水预处理和污染物减排。

完善环境基础设施公共服务供给收费政策。推动建立全成本覆盖的污水处理收费政策，按照补偿污水处理和污泥处置设施运营成本并合理盈利的原则，完善污水处理收费标准。根据苏南、苏中、苏北地区经济发展水平和财力情况，建立差异化的动态调整机制，做到应收尽收，减轻财政环保支出压力。推行污水资源化利用激励措施，支持污水处理企业与用水单位按照“优质优价”原则自主协商定价，开展再生水交易。完善固体废物、危险废物处理市场化机制，搭建全省危险废物利用处置交易平台，畅通全省危险废物利用处置交易渠道。提高企业自主议价能力，构建市场化和政府指导相结合的合理收费机制，保障产废企业、处置单位等各类市场主体权利平等、机会平等。

6.5.4 进一步完善绿色金融体系

搭建绿色金融制度框架。有效对接国家绿色金融标准，结合江苏省实际，研究制定全省绿色金融标准建设实施方案。制定绿色融资企业评价、绿色融资项目评价、绿色金融机构评价、银行绿色金融特色机构建设、区域绿色金融发展指数、金融机构环境信息披露等领域标准规范，充分发挥绿色金融标准的规范和引导作用。建立绿色融资主体认证体系，研究细化江苏绿色融资主体评级与认证方法。建立绿色金融综合服务平台，有效整合相关部门信息，定期对融资主体进行动态绿色评价，将绿色评级与认证结果作为确定绿色融资主体贷款授信、信贷贴息和享受政策优惠的重要依据。

创新绿色金融产品服务。鼓励金融机构针对科技型绿色企业、准公益型项目，创新金融产品和服务。推动环境污染责任保险发展，在环境高风险领域建立健全环境污染强制责任保险制度。培育环境权益交易市场，支持金融机构创新并推广水权、用能权、合同能源管理收益权等抵质押贷款产品。支持保险机构积极创新生态环境责任类保险产品，探索绿色企业贷款保证保险。健全绿色融资担保体系，充分发挥政策性融资担保机构的融资担保作用，为绿色小微企业和绿色农业提供增信服务。

拓宽投融资渠道。积极做大生态环境发展基金规模，充分发挥政府投资基金引导作用，以市场化方式投资生态环境基础设施建设、清洁能源、绿色交通、绿色建筑等领域实体和项目。推广碳中和债券、蓝色债券和可持续发展挂钩债券，鼓励符合条件的企业发行绿色企业债券等。支持符合条件的绿色企业在主板、创业板、科创板、新三板等多层次资本市场上市或挂牌。鼓励和支持社会资本通过自主投资、与政府合作、公益参与等模式参与生态保护修复，围绕生态保护修复开展生态产品开发、产业发展、科技创新、技术服务等活动，对区域生态保护修复进行全生命周期运营管护。

深化“金环对话”机制。根据“金环”对话合作备忘录，指导帮助银行等金融机构做好防范和规避。不断丰富对话内容和形式，增加了生态环境治理技术对接会，通过向全省工业园区、科研院所、企事业单位、行业协会等征集减污降碳技术需求，制定发布生态环境治理先进技术需求清单，为有需求的企事业单位和技术供应方提供对接交流平台，以进一步深化政银企合作，协同推进减污降碳。

6.6　生态环境全过程监管政策体系

随着生态环境机构改革逐步到位，需尽快建立与之相配套的生态环境治理制度及运行体系，以完全适应国家对生态环境部门职能转变的要求，解决目前省级部门职责边界不清、制度体系不完善、环评审批与执法等工作未能形成闭环、环境执法和监察工作机制仍不健全等问题，为环保工作高效精准运转和深入打好污染防治攻坚战提供有力支撑。生态环保监管体系建立的基本原则为：一是坚持系统思维。生态环境治理体系是有机协调和弹性的综合运行系统，需构建覆盖环境质量、污染全过程防控、环境执法监察、科技保障等全内容和政府、企业、社会组织和公众等环境管理全主体的最严格、最系统的治理体系，实现“政府为主导、企业为主体、社会组织和公众共同参与的生态环境治理体系”。二是坚持闭环运行。政策体系是动态的，必须针对制度设计并建立有效的政策执行与运行机制、考核评估和奖惩机制，注重全过程控制、全周期管理，实现从“部署—检查—反馈”环环相扣的完整闭环。三是坚持问题导向。生态环境治理体系及重点领域改革创新应能解决当前江苏省生态环境保护工作面临的突出问题、适应新形势下环境保护工作面临的挑战，以科学精准引导江苏省生态环境治理体系现代化推进和为打好污染防治攻坚战提供坚实体制机制保障。

生态环境全过程监管总体框架包括五大体系：环境管理体系、执法监管体系、监察督查体系、科技支撑体系和监测评估体系，其中环境管理体系是生态环境治理的准则和依据，执法监管体系和监察督查体系是生态环境治理手段，科技支撑体系和监测评估体系是实现科学精准生态环境治理的保障。

6.6.1　健全法规标准体系

推动完善生态环境法律法规。推动完善生态环境领域地方性法规、规章，加快制定《江苏省土壤污染防治条例》，研究制定《江苏省机动车与非道路移动机械排气污染防治条例》《江苏省生态环境保护条例》等地方性法规，推动修订《江苏省固体废物污染环境防治条例》，完善《江苏省生态环境行政处罚裁量基准规定》。开展应对气候变化地方立法研究，推进形成相对完善的省级生态环境法规制度体系。加强地方生态环境立法指导，突出地方特色和针对性、实效性，确保不与上位法相抵触。积极跟踪、总结、提炼、推广地方生态环境部门法规工作成功经验。

健全生态环境标准体系。完善水、大气、土壤、固体废物、化工园区等监管要素管理技术规范，加强应对气候变化、生态环境基础设施、生物多样性保护、环境健康等领域的标准研究与制定，力争建成全国覆盖面最广、类型最全、质量最高、匹配度最优的标准体系。鼓励行业协会、社会团体、企业在生态环境保护领域制定严于国家、地方标准的行业标准、团体标准、企业标准。完善标准规划、制定、评估、奖惩全流程工作机制，力争建成全国数量最多、类型最全、质量最高、要求最严的标准体系。

6.6.2　健全执法监管体系

加强排污许可管理。全面落实排污许可制，继续推进建立以排污许可证为核心的固定源“一证式”管理模式。加强排污许可证后管理，组织开展排污许可清理整顿“回头看”，建立排污许可质量控制长效机制。建立排污许可联动管理机制，加快推进环评与排污许可融合，推动排污许可与环境执法、环境监测、总量控制、排污权交易等环境管理制度有机衔接，构建以排污许可证为核心的固定污染源监管制度体系。开展碳排放排污许可试点。探索在长三角一体化发展示范区推进环评与排污许可两证合一改革试点，推进建设项目环评、能评等联动审批，协同推进主要污染物和碳减排。

完善污染物排放总量控制制度。建立基于区域生态环境承载力的总量分配制度。建立重点行业污染物排放总量控制制度，对化工、钢铁、水泥、造纸、印染等分行业明确总量减排要求，确保全省重点行业污染物排放总量只降不升。进一步完善排污许可证制度，通过实施更为严格的污染物排放标准，核减企业许可排放量。选择 1～2 个工业园区探索园区污染物排放限值管理和排污权交易制度。

健全环境治理信用体系。进一步完善全省排污企事业单位环保信用评价制度，动态开展绿色等级评定，落实环保“领跑者”机制。研究制定更加科学规范的信用等级评价细则，扩大环境失信行为的评价范围。构建公开公正、自动透明、平行管理、及时更新的环境信用系统，建立信用信息更为广泛便捷的互联共享机制。完善守信共同激励、失信联合惩戒措施，优化实施差别价格、差别信贷等政策。

深化生态环境综合行政执法改革。加快构建立体、垂直、精准、规范、高效的现代化生态环境执法体系。坚持执法重心下移，推进建立适合省以下生态环境机构监测执法垂直管理模式的县区级“局队站合一”运行方式，全面落实行政执法责任制。完善“双随机、一公开”环境监管制度，整合执法资源，推进市县一体“双随机”常态化执法。落实乡镇（街道）环境问题发现责任，完善环境监管网格员考评、激励、责任报告制度，充实监管力量，延伸执法触角。创新执法方式，推行异地执法处罚，探索委托第三方开展执法辅助服务。

建立健全生态环境保护综合行政执法机关、公安机关、检察机关、审判机关信息共享、案情互通、案件移送制度，强化对破坏生态环境违法犯罪行为的查处侦办。加强环境污染刑事案件中的检测鉴定工作。深化生态环境损害赔偿制度改革，按照“应赔尽赔、每案必赔”的目标，推动生态环境损害赔偿制度改革工作常态化、制度化，逐步构建有固定案源、有明确启动条件、有完善索赔程序、有充足索赔力量的生态环境损害赔偿长效机制。

6.6.3　“环保脸谱”体系建设

当前，江苏省制定出台了一系列创新举措，取得了良好的效果。但在实践中，由于缺乏一个能将各项制度措施有机串联的载体，一些制度安排未能最大化发挥作用。建立“环保脸谱”体系，整合全省生态环境数据资源，集成生态环境治理各项改革制度、措施、成果，通过建立科学评估体系，以“脸谱”方式直观展现地方政府和企业履行生态环境保护责任情况，并建立“一码通、码上办”的江苏“环保脸谱”管理系统，形成生态环境风险线索主动发现、智能研判、预警决策、指挥调度、考核评价、督促整改“六位一体”的非现场监管新模式。

出台“环保脸谱”运行管理办法，建立“环保脸谱”应用推广机制。建立健全辖区内“环保脸谱”建设和运行的部门联动机制，推动配套政策、管理办法制定，对企业和县（市、区）人民政府全面评价赋码。通过企业“环保脸谱”实时分析企业存在的环境问题，向企业及时预警并推送整改问题和标准，督促企业主动整改、自律守法。将企业“环保脸谱”评价结果作为执法检查频次调整、环保信任企业评价、企业金融（环保）贷款核发等工作的重要依据，鼓励企业“争绿争星”，主动提升污染治理水平。

推进监管服务和“码上监督”。有效提升部门监管服务效能，实时掌握企业整改进展，对存疑的整改事项开展现场核查，提升“非现场”监管和精准监督水平。根据企业环境问题及治理需求，主动靠前，在线答疑，帮助企业解决治理难点、痛点、堵点。多渠道向公众展示政府和企业“环保脸谱”，通过扫码快速获取区域环境质量情况、污染治理情况以及企业基本档案、污染排放、执法、处罚等公开信息，并对环境治理情况进行监督和反馈，推动形成全民参与生态环境保护的氛围。

专栏6-10　江苏省企业“环保脸谱”总体设计

企业“环保脸谱”是以生态环境大数据为基础，集成生态环境治理各项改革制度、措施、成果，通过建立科学评估体系，最终以“脸谱”的方式直观展现地方政府和企业履行生态环境保护责任情况，并建立“线上发现、及时整改—线上跟踪、及时调度—线上督查、及时销号”的“非现场”监管模式和“一码通看、码上监督”的公众参与模式。

（一）评价指标

企业“环保脸谱”包括脸色表情和星级评价，其中脸色表情反映企业环境守法情况，分为“绿色（笑）、蓝色（微笑）、黄色（正常）、红色（难过）、黑色（哭）”五种，与企业环保信用评价结果的颜色保持一致。星级评价主要从问题整改、监测监控、应急管理、排污许可证管理、生态红线等五个方面设置，主要体现企业污染防治水平，初始设置为5分。具体指标如下：

排污许可证管理。按照企业许可证申领、管理类别填写和执行报告提交情况进行评价。企业及时申领许可证，按照行业类别要求适当选择排污管理类型，并按规定定期编写排污许可证执行报告上传系统的不扣星，否则视情况扣星。

监测监控。根据企业自行监测、联网监控、数据传输等情况进行评价，企业按要求开展自行监测并上传报告、按要求安装自动监测设备并及时与省级联网、自动监测设备运行状态和数据传输正常的不扣星，否则视情况扣星。

应急管理。按照企业应急预案编制与隐患排查情况进行评价，企业根据应急管理要求编制风险评估报告、应急预案并提交生态环境部门备案，定期开展环境安全隐患排查治理并建立隐患排查治理档案的不扣星，否则视情况扣星。

违法问题整改。按照企业对环境违法问题的整改情况进行评价，企业出现环境违法行为并收到生态环境部门行政处罚决定书后，按时限要求及时整改违法行为的不扣星，超期整改的视情况扣星。

危险废物管理。按照企业危险废物申报及处置情况进行评价，企业通过危险废物管理平台及时进行网上动态申报，危险废物及时转运处置的不扣星，否则视情况扣星。

（二）管理举措

配套实施奖惩并举的管理举措，对连续5星的"笑脸"企业可适当降低执法检查频次，优先列为豁免管控企业，并在资金奖补等方面给予适当倾斜，对于连续3星以下的企业，要主动上门服务，帮助企业整改，推动企业主动提升污染治理水平，切实有效推动企业落实污染治理主体责任。

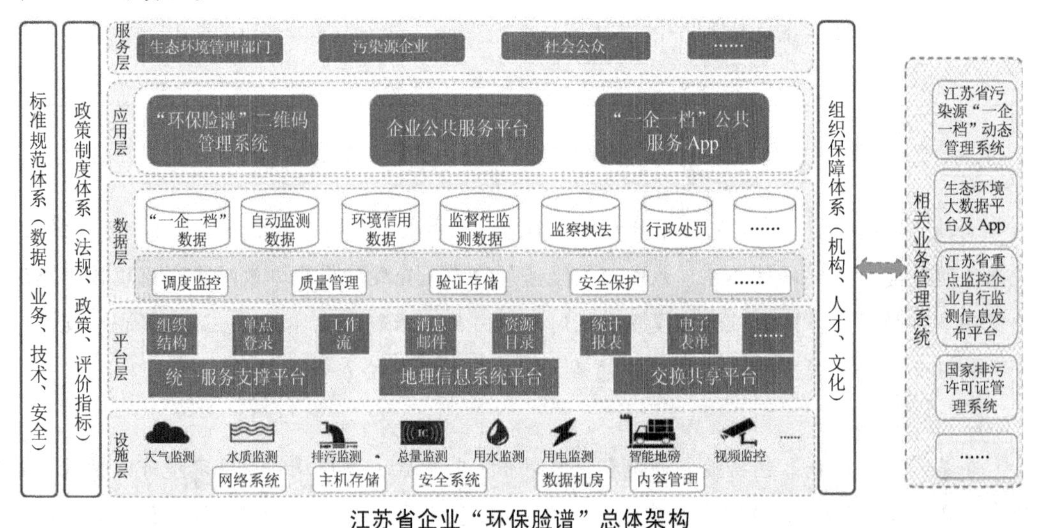

江苏省企业"环保脸谱"总体架构

6.7　全民行动政策体系

深入贯彻和大力宣传习近平生态文明思想，着力推动构建生态环境治理全民行动体系，不断提升宣传教育工作水平，加快推动绿色低碳发展，形成人人关心、支持、参与生态环境保护工作的局面，为持续改善生态环境、建设美丽中国营造良好社会氛围和坚实社会基础。

6.7.1　精准化推进习近平生态文明思想宣传教育

推进生态文明教育立法。出台《江苏省生态文明教育促进办法》，把生态环境保护纳入国民教育体系和党政领导干部培训体系，明确政府部门、企业、社区、学校等各方面的环境教育责任和义务，规范和保障生态文明教育工作系统协调推进。

完善生态环境教育培训体系。面向机关、学校、社区、企业、农村等不同群体，坚持分类分层、精准按需的原则，每年研究制订培训计划，设计开发系列培训教材，创新培训内容形式，强化师资队伍建设，完善培训效果评价制度，打造教育培训特色品牌，开创授课培训与实战练兵相结合的培训新模式。打造在线教育学习平台。基于区块链技术，建设环境教育在线学习平台，整合多方优质教育资源，开发多样化在线教育课程，如一对一直播、一对多直播、直播录播相结合等，定制个性化学习服务，激发市场活力，满足公众碎片化、个性化学习需求。

建设生态环境示范宣传教育工程。打造全省生态文明教育实践基地。引导基础好、有条件、有意愿的社区、学校、企业等单位，因地制宜建设面向公众开放、各具特色、形式多样的生态文明教育场馆，拓展生态文明教育与服务功能。2025 年年底前，至少建成 20 个省级生态文明教育实践基地。探索建设具有全国影响力的国家级生态文明教育实践基地。在全省选择一批街道、学校、社区、地铁或休闲街区等场所，建设一批长期固定、群众获得感强并具有辐射性的生态文化宣教示范点。融合地方文化特色、地域要求和大众心理，依托“环保号”地铁列车、环保地铁车站、地铁环保小课堂开展系列宣传活动。

6.7.2　加强生态文明建设全社会参与

推进环保设施向公众开放，保障公众的知情权、参与权和监督权。鼓励排污企业在确保安全生产前提下，通过设立企业开放日、建设教育体验场所等形式，向社会公众开放。13 个设区市中列入全国环保设施和城市污水垃圾处理设施向公众开放的单位在每两个月至少组织一次开放活动的基础上，结合实际情况适当增加开放频次。进一步拓展开放行业和领域，推动化工、印染、水泥、钢铁等传统行业绿色企业参与设施开放。重点打造环保设施“云参观”平台建设工程，实现全省环保设施在线预约参观、公众参观环保设施在线打卡、720°VR 全景体验设施开放、在线直播等。省生态环境厅每年组织 2～3 次全省集中开放活动，每年至少组织召开 1 次全省环保设施向公众开放工作现场会或培训交流会。各设区市每年定期组织环保设施向公众开放工作推进会或培训班。创建一批技术先进、参观便捷、配有独立教育场地的环保设施开放示范点，作为特色环境教育基地。2025 年年底前，各市、县（市、区）符合条件的环保设施全部向社会开放，接受公众参观。

加大培育扶持力度，构建与社会组织良性互动关系。每年开展环保社会组织能力建设培训，提升社会组织参与生态环境保护的综合能力和水平。定期组织座谈交流，建立与环保社会组织定期沟通对话机制。各地设立专项资金，以小额资助、政府购买服务等形式，引导社会组织依法有序参与生态环境公共事务。加强环保社会组织环境法律能力建设，组建环境公益诉讼专家库，开展“点对点”环境法律能力帮扶行动，鼓励和支持具备资格的环保社会组织依法开展生态环境公益诉讼等活动。

创新公众参与机制，有效发挥社会监督作用。建立环境社会观察员制度，加强环境守护者队伍规范管理。完善公众监督和举报反馈机制，充分发挥“12369”环保举报热线作用，畅通环保监督渠道。推广环境圆桌对话制度，促进利益相关方对话协商，有效化解环境矛盾和纠纷。

建设互动管理平台，积极拓展环保的公众参与渠道。建设环保公众参与互动管理平台，规范公众参与流程。建立环保社会组织及环保志愿者数据库，实现环保社会组织和环保志愿服务在线管理，建设“绿色积分”体系，搭建公众参与生态环境公共事务的线上互动平台，引导公众参与环境法规和政策制定、环境决策、环境监督、环境影响评价等重点领域。

健全表彰激励制度，发挥先进典型示范引领作用。建立有江苏特色的绿色企业评估体系，推行企业绿色发展“领跑者”制度，持续组织企业绿色发展案例评选活动，培育企业绿色发展示范典型，强化企业环保社会责任。实施“绿色伙伴”计划，与大型零售、公交、地铁、邮政、银行等受众面比较广、与老百姓生活息息相关的企业，进一步加强合作，发动更多有社会责任感的企业参与生态环境保护。开展“绿篱笆奖”评选活动，表彰在生态环境保护志愿服务中有突出贡献的单位和个人。

6.7.3 倡导绿色生活方式

通过开展节约型机关、绿色家庭、绿色学校、绿色社区、绿色出行、绿色商场、绿色建筑等创建行动，广泛宣传推广简约适度、绿色低碳、文明健康的生活理念和生活方式，建立完善绿色生活的相关政策和管理制度，推动绿色消费，促进绿色发展。发挥党政机关引领作用，推动党政机关例行勤俭节约、反对铺张浪费，健全节约能源资源管理制度，提高能源资源利用效率，推行绿色办公，加大绿色采购力度，优先选择绿色出行，引导党政机关干部职工践行简约适度、绿色低碳工作与生活方式。加大垃圾分类推行力度，党政机关、事业单位等公共机构单位生活垃圾强制分类实现全覆盖；居住区建立生活垃圾分类达标验收制度。在快递行业推动绿色包装，构建江苏省统一的快递包装产品绿色标准、认证、标识体系，加强快递包装回收体系建设，推进在快递营业网点设置专门的快递包装回收区。鼓励新能源或清洁能源车辆的推广使用，加快推进城市建成区新增和更新的公交、环卫、邮政、出租、通勤、轻型物流配送等车辆使用新能源或清洁能源汽车。

第 7 章 生态文明治理能力现代化建设路径

坚持科学治污、精准治污、依法治污，以 5G 技术应用为牵引，加强生态环境执法和监测监管能力建设，加快生态环境领域智慧化、信息化转型，全面提升科技创新能力和服务高质量发展能力，系统提升生态环境治理能力。

7.1 生态环境监测监控能力

7.1.1 建立健全“天空地”一体化生态环境监测网络

统一规划环境质量监测网络。基于“科学评价、厘清责任、城乡统筹、全面覆盖、动态调整”原则，统一规划建设涵盖大气、地表水（含水功能区）、地下水、海洋、土壤、温室气体、噪声等要素的环境质量监测网络。加密自动监测站点布设，实现重点区域、重要水域监测点位全覆盖，实现全省市、县（市、区）、重点乡镇空气质量自动监控全覆盖，实现近岸海域国控、省控监测点位水质自动监测全覆盖。完善农村环境监测网络，推进种养殖型、工业型、商业（旅游）型村镇空气、地表水环境质量网格化建设，开展全省农用地和建设用地风险点特征污染指标监测。

加快完善各类污染源自动在线监测网络。建立健全以排污许可制为核心的固定源监测体系，大力推进全省排污许可企事业单位污染排放自动监测与视频监控系统，以及主要工段用能（包含用电、用水）监控系统的安装与集成联网；推进省—市—车企三级机动车远程在线监控平台建设，提高车载远程监控终端的安装覆盖面；开展船舶排放自动在线监测与遥感遥测联动在线监控系统建设，加强储油库、加油站、油码头的油气回收在线监控装置安装与统一联网，推进油品运输环节的油气回收远程监控系统建设；加快建立完善覆盖乡镇工业企业污水排放口、农村生活污水处理设施进出水、畜禽规模养殖场排污口、水产养殖集中区养殖尾水等农业农村面源污染监测核算体系，推进全省农业面源污染遥感监测系统建设。

健全生态质量监测监控网络。积极使用卫星、无人机等先进技术，构建“天空地”一体化生态质量监测监控体系。全面提升省域内环境问题热点区域的卫星遥感影像快速采集、处理、智能解译和分析评价能力，实现在自然保护区、生态红线区、重要功能区、重大供水工程源头区、重要调水保护区等重点区域高分辨率遥感监测全覆盖。加强沿江化工园区、饮用水水源地、生态安全缓冲区等风险防控区域的无人机精密遥测。深入开展典型行业企业、典型区域和典型流域环境与健康调查监测及生态风险评估，逐步建立完善环境健康及生态安全监测预警体系。研发基于环境 DNA（eDNA）条形码技术的水生生物多样性监测技术体系，推进典型生态系统重点生物物种基因库建设。

加强信息化建设。强化卫星遥感、无人机、无人船、污染治理设施用电监控等高新技术、先进装备与系统的应用，提高环境监测的立体化、自动化、智能化水平。采用物联网、云计算、大数据、区块链、视频监控等技术手段，对重点排污单位、机动车、加油站、工业园区等固定源、移动源、面源实施在线监控。建设生态环境大数据研究中心，开展生态环境大数据采集、环境云服务、大数据分析等研究，形成业务化服务产品。强化数据挖掘分析及应用能力。结合全省 5G 基础设施建设布局，逐步推进环境监测与监控基础设施 5G 信号接入，大力推进水、气等环境要素 5G 移动式、便携式自动传感设备的自主研发与推广应用。

7.1.2　强化专项调查监测

构建全省光化学监测网，开展苏皖鲁豫交接地区污染物跨界传输试点监测，试点推进火电、钢铁等行业二氧化碳排放量在线监测，选择典型地区探索开展碳减排监测评估。推进南水北调东线工程江苏段、主要入江支流、长江以北主要湖泊重要水体水质专项跟踪监测，在重点流域建设农业生态环境野外观测超级站，实现农业面源污染长期观测。推动在长江、太湖、洪泽湖流域试点开展主要污染指标（氮、磷）环境通量监测，在典型农业种植区、重点畜禽养殖区和水产养殖区开展灌溉及养殖退水水质专项监测。推进医药、化工等行业率先构建化学品环境信息动态管控系统，建立废水、废气、危险废物、土壤、地下水等特征污染因子库，开展鉴别筛查及毒性评估。建立覆盖全省主要地区和重点区域的省级温室气体监测体系，开展多要素、高精度、系统长期的温室气体监测。加强沿海湿地的碳监测，掌握沿海湿地碳汇能力的动态变化。

7.1.3　强化监测监控质量管理

强化生态环境监测质量监督管理。健全覆盖全部要素和全部参与主体的全省生态环境监测监控质量管理体系，完善内部保质量控制为主、外部质量监督为辅的质量管理运行机制，强化生态环境监测质量监督管理。建立分级管理、全省联网的监测活动“全过程”监管系统，实现监测活动全流程各环节可追溯。制定生态环境监测机构监督管理办法，强化质量监管能力，推动建立健全防范和惩治生态环境监测数据弄虚作假的工作机制，实行干预留痕和记录制度。

健全生态环境监测服务质量监管机制。构建社会化生态环境监测机构及从业人员环保信用监管机制，实现监测机构环保信用实时动态评价，制定监测数据弄虚作假市场和行业禁入措施，加强生态环境监测机构和人员服务质量监管。组织开展监测质量监督检查专项行动，扩大对社会化监测机构和排污单位自行监测活动的检查覆盖面，增加相应检查频次，依法依规查处监测数据弄虚作假行为。

7.2 强化环境基础设施支撑能力

7.2.1 健全生态环境基础设施管理体系

建立生态环境基础设施体系。按照“规划项目化，项目工程化”的思路，编制全省生态环境基础设施五年规划，有序有力推动补齐环境基础设施短板，推动形成布局完整、运行高效、支撑有力的环境基础设施体系。加强与生态环境保护规划、国土空间规划和基础设施建设专项规划衔接，科学做好项目选址和规划建设。完善生态环境基础设施统计管理，建立统一的统计口径和明确的统计渠道，强化统计数据的分析运用和信息共享，及时查补设施建设短板。实施治理设施增效行动、基础设施达标行动，将环境基础设施纳入环境监察督查范围，开展污水处理、废气治理、废弃物回收、“绿岛”等环境基础设施治理效能评估，有效解决设施空转现象。

专栏 7-1 江苏省“绿岛”建设试点

所谓“绿岛”，是指由政府投资或政府参与、多元投资，配套建有可供多个市场主体共享的环保公共基础设施，从而实现污染物统一收集、集中治理、稳定达标排放的集中点或片区。

（1）工业“绿岛”。可结合当地产业特点，对喷涂、电镀等生产工艺相同、污染物性质相似、地理位置相近的中小企业，单独或依托产业园区（集中区）以及治污能力强的规模企业，建设集中式的污染治理设施，实现大气、水污染物集中治理以及危险废物规范集中暂存。

（2）农业“绿岛”。通过建设集中的畜禽粪便处理或资源化利用中心，帮助解决非规模化畜禽粪便处理问题，满足附近农民少量养殖需要；建设集中的水产养殖尾水净化设施，帮助连片养殖区域的多个养殖户，统一解决尾水处理达标等难题。

（3）服务业“绿岛”。重点围绕餐饮、汽车维修、小五金加工等行业，通过建设公共烟道、涂装公用操作间、集中加工点等，实现油烟、挥发性有机物、粉尘、噪声等污染集中治理。

统筹生态环境基础设施运营管理。积极拓展生态环境基础设施共建共享模式，选择符合产业政策和布局规划的集中点或片区开展工业“绿岛”、农业“绿岛”、服务业“绿岛”建设，解决小微企业污染治理困局。积极构建“政府引导、社会参与、市场化运作”的生态环境基础设施建设运营管理，鼓励技术能力强、运营管理水平高、信誉度良好、有社会责任感的市场主体公平进入生态环境基础设施建设领域。鼓励大型环保集团、环境污染治理企业组建联合体，探索开展环境综合治理托管服务。鼓励推广以生态环境为导向的开发（EOD）模式，推动生态环境基础设施建设全面融入区域产业发展、城镇建设。

7.2.2　提升污水收集处理能力

加强工业园区污水处理设施建设。加快工业废水与生活污水分开收集、分质处理，新建冶金、电镀、化工、印染、原料药制造等工业企业（有工业废水处理资质且出水达到国家标准的原料药制造企业除外）排放的含重金属或难以生化降解的废水，以及有关工业企业排放的高盐废水，一律不得接入城镇生活污水处理设施。在电镀、印染等园区开展“一企一管，明（专）管排放”建设，配套相应常规指标、特征污染物在线监测设施、视频监控设施和水质反馈泵阀联动设施。强化工业园区管网的雨污清污分流规范化改造，重点消除污水直排和雨污混接等问题。省级及以上工业园区和化工、电镀、造纸、印染、制革、食品等主要涉水行业所在园区应配套独立的工业废水处理设施。在工业集聚区规划建设集中式污水处理设施和再生水利用系统，积极推行高耗水行业中水回用和污水再生利用。

推进城镇生活污水处理提质增效。制定区域水平衡核算技术规范，推动城镇区域水污染物平衡核算管理，摸排污水收集处理缺口，统筹优化城镇生活污水处理设施布局，适度超前建设城镇污水处理设施。持续推进“污水处理提质增效达标区”建设，着力消除城市建成区污水直排口、污水管网空白区，提高污水收集效能。全面实施雨污分流，有计划分片区组织实施雨污错接混接改造、管网更新、破损管网修复，对暂不具备雨污分流改造条件的地区，通过源头减量、溢流口改造、截流井改造等措施，减少合流制排水口溢流频次和水量。加强污水管网排查检测，针对管网功能性、结构性问题，有序推进管网改造与修复。深入开展城市“小散乱”排水及建设工地等违法违规排水整治，规范排水户接纳管理。加大再生水利用设施建设，推动将城市生活污水处理厂再生水、分散污水处理设施尾水用于河道生态补水，推动城市绿化、道路清扫、车辆冲洗、建筑施工等优先使用再生水，节约水资源。强化城镇污水处理设施污泥规范化处置，推广污泥集中焚烧无害化处理，鼓励采用焚烧发电或水泥窑协同方式处理处置污泥，在具备垃圾综合处理设施的市、县稳步推进建材利用、堆肥等方式处理处置污泥。

专栏 7-2　区域水污染物平衡管理体系

区域水污染物平衡管理是采用“点、线、面、网”结合方式，以县（市、区）城市规划区、重点工业园区为核算区域，以污水处理厂收集范围为基本核算单元，系统核算接入集中式处理设施的工业废水、生活污水、畜禽养殖废水的水污染物（化学需氧量）排放收集总量及削减总量，有效评估区域主要水污染物收集处理能力及处理量缺口，形成底数清单。

根据区域水污染物平衡核算评估结果，制定“一区一策”整治方案，实施差别化措施。区域污水集中处理能力与污水产量不匹配的，重点推进污水集中处理设施建设，提高区域污水处理能力，满足污水处理需求。区域污水集中处理设施能力与污水产生量相匹配的，重点加快补齐管网设施短板，推动污水管网提质工作。新、扩建区污水处理设施、自来水供水管网、污水收集管网应当同步设计、同步建设、同步投运，减轻对生态环境的不利影响。

深入推进农村生活污水治理。统筹布局农村生活污水治理设施，确保农村生活污水治理设施建设与村庄规划同步、与供水设施建设同步等。因地制宜采用污染治理与资源利用相结合、工程措施与生态措施相结合、集中与分散相结合的建设模式和处理模式，开展农村生活污水治理设施建设。积极研发并推广低成本、低能耗、易维护、高效率的治理技术以及经济适用、简单有效且方便实施的治理装备。推广畜牧水产生态化养殖，推进规模化养殖区粪污和养殖尾水收集处理设施建设。健全完善农村污水治理管护机制，研究制定农村生活污水处理设施运维管理指南，明确农村生活污水治理设施标准化运行维护评价标准，实施规范运行维护管理，确保农村生活污水治理设施正常运行并稳定提升治理设施出水水质。鼓励开展农村生活污水治理托管服务试点。组织开展农村污水已建设施的“回头看”专项行动，确保已建设施长效稳定运行。

7.2.3　提升固体废物和医疗废物处理处置能力

加强固体废物和垃圾处置能力。按照“利用处置能力满足一般工业固体废物不出县”的要求，统筹规划各类一般工业固体废物利用处置设施建设，确保本辖区一般工业固体废物利用处置能力能够满足实际需求。重点围绕煤矸石、工业副产石膏、粉煤灰、钢渣、化工废渣等大宗工业固体废物，加大园区综合处置设施建设力度。以龙头骨干企业为依托，推进建设工业资源综合利用基地，探索建立基于区域特点的工业固体废物综合利用产业发展模式。合理布局垃圾焚烧发电项目，加大正在运行的生活垃圾填埋场的整改力度，确保全部实现达标稳定运行、渗滤液安全处置。全面推行生活垃圾分类，建成与垃圾分类相匹配的终端处置设施。

提升危险废物利用处置效能。开展危险废物（含医疗废物）产生种类、数量、贮存与利用处置能力情况评估及设施运行情况评估，加快推进满足实际处置需求的危险废物集中焚烧和填埋设施建设，推动建设一批标准高、规模大、水准一流的危险废物利用处置设施示范项目。鼓励采取多元投资和市场化方式建设规模化危险废物利用处置设施，鼓励企业通过兼并重组等方式做大做强，开展专业化建设运营服务。加强小量危险废物、实验室废物集中收集、贮存、运输等收运处理一体化体系建设。加强船舶污染物残油（油泥）等危险废物收集能力建设，推进铅蓄电池生产企业集中收集和跨区域转运制度试点。以废酸、飞灰、废盐、工业污泥等库存量大、处理难的危险废物为重点，加大技术研发力度，通过引进国内外先进成熟技术，建设一批可复制、可推广的示范项目。加强工业生产废水的分类分质处理，推进污泥减量化技术、脱水技术、处理处置和综合利用技术的研发和推广应用，尽可能回收和利用污泥中的能源和资源。

提升医疗废物处理处置能力。合理规划并加快建设医疗废物处置中心，加强医疗废物处理收集体系建设，实现医疗废物统一收集、统一处置。加强医疗废物分类管理，做好源头分类，促进规范处置。对满负荷或超负荷运行的医疗废物处置设施进行处置能力扩容，对建成投运时间较早、工艺技术水平达不到标准规范要求的医疗废物处置设施实施技术改造。鼓励发展移动式医疗废物处置设施，提升就地处置能力，高度重视医疗机构污水规范化处理，加强污水收集、设施运行、污泥排放的监督管理。统筹新建、在建和现有危险废物焚烧处置设施、协同处置固体废物的水泥窑、生活垃圾焚烧设施等资源，建立协同应急处置清单，保障重大疫情医疗废物应急处置能力。

7.2.4　提升清洁能源供应能力

深入推进天然气输储设施建设。加快构建“干支互联、城燃互通、陆海互济”的输气格局，统筹布局建设“海四江三”的沿海、沿江 LNG 接收站，建成中俄东线江苏段等能源“动脉”，实现天然气管网所有县区全覆盖，加快推进地方政府和城镇燃气企业重点储气设施建设。大力推广天然气热电冷联供的供能方式，推进分布式可再生能源发展，推行终端用能领域多能协同和能源综合梯级利用，提升用能效率。

强化非化石能源供应设施建设。实施“沐光”专项行动，新增工业园区、重大项目原则上预留发展分布式光伏系统的荷载能力和配网结构，鼓励建设和发展与建筑一体化的分布式光伏发电系统，在农村与偏远地区建设离网式光伏发电设施，因地制宜建设“光伏+”

渔业、农业、牧业等综合利用平价示范基地。加快近海千万千瓦级海上风电基地，统筹规划远海风电发展，积极推进领海外海上风电示范项目。积极发展生物质发电，推动农林生物质直燃发电、沼气发电、生活垃圾焚烧发电、生物天然气等多种形式的综合应用设施建设。因地制宜开发水电，推进抽水蓄能项目建设。安全有序推进核电发展，适时开展核能综合利用示范。

推进低碳交通工具清洁能源供应设施建设。实施“绿色车轮”计划，推广使用新能源、清洁能源车船和非道路移动机械，加快公共服务领域和政府机关优先使用新能源汽车，推进铁路电气化改造，促进船舶靠港使用岸电常态化。加快构建便利高效、适度超前的充换电、加气网络，基本实现加气站、充电站等新型终端服务设施在大中城市、高速公路和高等级航道全覆盖。

7.3 防范和化解环境风险能力

7.3.1 提升固体污染防治能力

开展“无废城市”建设。基于江苏发展定位、产业结构、经济基础等，融合碳达峰碳中和、绿色发展指标和生态文明建设考核目标，以固体废物减量化、资源利用效率、危险废物环境安全管控为核心，构建省级“无废城市”建设指标体系。推动地方科学编制实施方案，以目标、任务、项目、责任“四张清单”形式推进“无废城市”建设。创新“无废城市”江苏模式，推进与碳减排协同，以焚烧、填埋、水泥窑协同处置等企业为重点，开展固体废物分类、收集、运输以及焚烧、填埋等全过程碳排放核算。试点开展“无废园区”建设，鼓励园区企业内、企业间和产业间物料闭路循环，实现固体废物循环利用。

强化危险废物监管。加强危险废物源头管控，严禁审批无法落实危险废物利用处置途径的项目，从严审批产生易燃易爆废弃危化品的项目。开展危险废物分级分类管理研究，对不同风险等级危险废物相关企业实行差别化管理。完善危险废物全生命周期监控系统，全面推行“二维码”电子标签，强化危险废物全过程监管。全面落实医疗废物和生活垃圾焚烧飞灰产生、转移、利用处置等全过程信息化监管。严格执行危险废物电子运单和转移联单管理制度，实现转移运输轨迹实时在线监控，强化危险废物转移过程联动监管，严厉打击危险废物非法转移、处置、倾倒等违法犯罪行为。建立危险废物跨省（市）转移“白名单”制度。深化危险废物处置市场化改革，搭建全省危险废物利用处置交易平台，构建市场化和政府指导相结合的合理收费机制。开展危险废物收集、运输、利用、处置网上交易平台建设和第三方支付试点。

7.3.2　提升核与辐射安全监管能力

强化核与辐射安全风险防控能力。开展核与辐射安全风险隐患排查治理三年行动，深入推进核技术利用、电磁辐射、伴生矿开发利用、废旧金属熔炼等行业领域隐患排查。抓好废旧放射源安全动态管理，建立废旧放射源季度排查制度，动态掌握废源底数及分布情况，完善废旧放射源收贮程序。严管医疗使用 I 类放射源、移动伽马射线探伤等高风险领域，全面实施高风险源在线监控。

提升放射性废渣安全处置能力。开展伴生放射性废渣最终处置技术、政策研究，建设省伴生放射性废渣处置场，解决全省稀土冶炼企业伴生放射性废渣的安全处置问题。继续推进伴生矿开发利用企业废渣放射性分类监测和豁免管理，督促企业建立动态管理台账，对不符合豁免要求的伴生放射性废渣严格按照技术规范建库存放。积极推进纱罩企业放射性废物废渣安全处置，加快推进历史遗留问题解决。

开展核与辐射监测监控能力现代化建设。建立核与辐射安全风险综合管理平台，对全省放射源、非密封放射性物质工作场所和射线装置进行分类分级管控。实施核与辐射监测应急能力提升工程，建立与事权相匹配的核电监测管理体制，建设更高水平的流出物监督性监测实验室。开展海洋辐射在线监测技术研究和应用，逐步形成核应急“海陆空”全方位监测能力。配齐配强全省辐射环境监测及应急仪器设备，提高核与辐射应急监测能力和放射性监测自动化水平。

7.3.3　重视新污染物治理和环境管理

加强新污染物治理。制定实施新污染物治理行动方案。针对持久性有机污染物、内分泌干扰物等新污染物，在长江、太湖、长江口及重点饮用水水源地等区域，试点开展环境调查监测和环境风险评估，因地制宜地制订地区重点管控新污染物清单和管控方案。严格源头管控，推进新污染物排放控制与排污许可证、环境影响评价制度相衔接，严格涉新污染物建设项目准入，加强产品中有毒有害化学物质含量控制。全面推进使用有毒有害化学物质进行生产或者在生产过程中排放有毒有害化学物质的企业清洁生产改造或清洁化改造，规范抗生素使用管理，开展农药使用减量行动，减少新污染物排放。

强化生态环境与健康管理。开展环境与健康监测、调查、风险评估，系统掌握环境中持久性污染物、内分泌干扰物、饮用水消毒副产物、药物及个人护理品等新污染物的现状、环境健康风险水平与变化趋势，构建新污染物危害属性、暴露参数等基础数据库。加强环境污染因子与人体健康指标的关联分析，研究构建环境健康评价模型，探索通过环境综合指数判断环境健康风险等级，绘制环境健康风险等级地图，筛查环境健康高风险区域。推进环境健康风险管理试点建设，逐步将环境健康风险纳入生态环境管理制度。

7.3.4 强化环境风险防控与应急

加快完善环境风险防控与应急设施。开展全省突发生态环境事件风险评估，绘制全省突发生态环境事件风险“一张图”，划定高风险区域，探索建立突发生态环境事件高风险区域风险准入机制。开展全省重点化工园区“应急能力评估补短板”专项行动，按照分级防控的原则，因地制宜建设围堰、防火堤、事故应急池、雨污切换阀等环境风险防控及应急基础设施，加快重点园区突发生态环境事件三级防控体系工程建设全覆盖。围绕长江、太湖、大运河、南水北调清水廊道及饮用水水源地等重要敏感目标，构建“1+13+*N*”突发水污染事件应急防范体系，引导地方开展重要敏感保护目标河流应急防范工程建设。

推进环境应急物资储备及装备建设。按照社会储备、就近调配、快速输运、储备充足的原则，依托企业、社会化环境应急物资储备资源，建立覆盖全省的环境应急物资储备库。构建省级环境应急物资储备信息线上平台，实现环境应急物资储备信息库全覆盖。组织开展区域环境风险防控与评估、现场应急监测及应急处置技术方法等专题研究，形成满足实际需要的风险防控和应急处置能力。推广新应用、新设备等高科技产品，开展环境应急队伍装备配备标准化建设，提升各级环境应急管理队伍、救援队伍装备配备水平。

强化生态环境应急综合队伍建设。分级推进环境应急机构建设，稳步推进环境应急实训基地建设，定期开展培训、拉练、比武，打造一支江苏特色的生态环境应急铁军。强化不同性质、领域、规模环境应急救援队伍建设，鼓励社会化应急救援队伍参与合作，着力提高企业安全生产、危险化学品交通运输事故等过程中火灾、爆炸、泄漏等类型事故的环境应急救援处置能力。以现场防范处置和实战经验为原则遴选环境应急专家，健全专家激励和退出体制，逐步完善环境应急专家队伍，鼓励专家参与突发生态环境事件应急处置和日常环境应急管理工作，推动专家服务于基层环境应急工作。

搭建省级环境应急调度系统。在省生态环境指挥调度中心的框架下，建设全省统一部署的环境应急调度系统，围绕信息化、全链条管理，按流域、区域绘制环境风险地图，建立信息报告、响应指令发布、预案电子备案、隐患排查管理、应急物资云、救援队伍与专家信息管理等应急调度与辅助决策系统，实现统一部署、分级管理，全面提升科学处置和有效应对突发生态环境事件的能力。

7.4 生态环境科研支撑能力

7.4.1 推进重点领域关键技术研究

开展减污降碳协同控制路径、$PM_{2.5}$和O_3协同控制、长江生态保护修复、太湖治理、污染场地风险管控和治理修复等重点问题科技攻关，推进区域性、流域性生态环境问题研究。梳理江苏省生态环境关键问题，定期编制发布"生态环境治理管理需求技术目录"，发布核心技术研发需求，突破一批重大关键技术与装备。提升专业技术服务能力，围绕重大科技需求，建设重点实验室、工程技术中心和实践基地，配备相应的实验场地和仪器设备。

7.4.2　充分联合生态环境科研领域优势资源

深化与高校院所的合作。加强与高校及科研院所的合作，发挥高校院所"智库"作用，拓展生态环境科研的理论高度和研究深度，提升实用技术与管理政策效能。增强科研实用性引导，积极向高校院所传递全省生态环境科研应用和支撑需求信息，增加科研供给与管理需求的同频共振，提升科研成果实用性和可转化性。鼓励龙头企业发挥模范带头作用，联合高校、科研院所及科研载体建立科研联盟，在科研初始创新、技术成果转化等环节形成合力。鼓励各类科创集聚区小微企业加入科研联盟，有效提升"微创新"数量与质量。

扶持环保产业做大做强。依托盐城环保科技城、宜兴环保科技工业园等载体，积极发展节能环保服务，形成万亿级节能环保产业规模。鼓励环保龙头企业、成长性强和科技含量高的科技型环保企业做大做强，重点支持节能、低碳、资源综合利用、环境治理等重点领域先进装备和产品研发制造和推广，培育一批高水平的节能环保综合解决方案供应商。加快培育市场主体，增强国有资本在全省治污攻坚战中的带动力。

推进生态环境科研国内外交流合作。鼓励省内生态环境科研单位参与国家重大专项研究，争取国家层面科研院所、大型央企等核心力量驻点江苏开展化工污染治理、长江生态综合整治、湖泊无机污染控制、海洋环境风险管控等相关环境问题研究。加强国外科研智力、技术引进，鼓励有实力的单位引进国外先进技术或科研带头人，推进国际最先进研究成果在江苏深化、转化。开拓与国外科研机构线上线下交流渠道，开展多种形式的科研合作。深耕流域综合治理、颗粒物臭氧协同控制、化工等重点行业副产物资源化循环利用等领域，形成一批先进的理论技术成果，在国际生态环境治理领域打造"江苏品牌"。

加速科研成果转化。建立健全常态化供需精准对接机制。积极发挥科技创新成果转化服务平台的推介交流作用，形成覆盖线上与线下的江苏省生态环境领域科研成果转化集群，促进创新链和产业链精准对接。以环太湖、沿江、沿海等区域为重点，围绕减污降碳、总磷控制、生物多样性保护等新型生态环境任务，发挥行业龙头企业的引领支撑作用，集聚高校、科研院所创新资源，探索构建"企业－高校－地方"科研成果产业化模式，通过区域特色鲜明的校企技术验证、地方项目示范等方式，引导各类主体参与场景应用建设，加速技术、产品应用与迭代，推进科研成果产业化进程，形成科研成果培育、验证、转化全流程聚集模式。

7.4.3 健全与科研需求相匹配的管理机制

优化过程管理机制。以重点领域突出环境问题为导向，探索设立“基础研究—技术研发—应用推广”一体化重大科技专项，采取“揭榜挂帅”机制，引导多专业多领域联合攻关，系统解决问题。积极落实国家、省各类科研改革政策，探索优秀科研机构科研管理“承诺制”，合理简化科研过程管理。树立鼓励大胆创新、宽容失败的鲜明导向，落实好各类“容错”机制，保护科研积极性。

健全人才培养机制。建设全省生态环境业务培训平台，建立对党政领导干部的生态文明轮训机制，打造一批生态文明教育实践基地，建设 1～2 所环境大学或环境专科学院，着力培育专业人才和技术团队，为全社会培育更多优质实用型环保专业技术人才。结合江苏省生态环境工作需求，重点加强新型污染物防治、垃圾处理与资源化、污水处理与再生利用、环境与健康（损害评估）、应对气候变化、生态环境监测预警等急需紧缺专业人才队伍的引进培养。改革创新人才培养、课题立项、科研成果激励等机制，有效激发科研人员创新活力。

加强科研人员激励。探索建立各类生态环境人才的扶持激励制度，加强对领军人才、青年人才的扶持。充分利用国家级、省级优质人才培养平台，助推领军人才专业能力素质进一步提升。鼓励科研单位创新科研团队激励措施，激发科研团队创新创业积极性，形成科技人才内部培养的良性循环。

参考文献

[1] 蒋洪强，程曦．生态文明治理体系和治理能力现代化的几个核心问题研究[J]．中国环境管理，2020（5）：36-41.

[2] 朱少云．习近平关于国家治理现代化的重要论述研究[D]．桂林：桂林理工大学，2020.

[3] 左守秋，牛庆坤．新时代国家生态治理体系现代化研究[J]．齐齐哈尔大学学报（哲学社会科学版），2021（7）：1-4，20.

[4] 李慧．中西方的治理理论：背景、理念及其比较[J]．中共石家庄市委党校学报，2017，19（4）：30-34.

[5] 王金南，蒋洪强，董战峰，等．中国生态文明治理体系与治理能力现代化战略与路线图研究报告[R]．生态环境部环境规划院，江苏省环境科学研究院，2021.

[6] 张强，刘煜杰，张惠远，等．生态文明治理能力建设路径分析[J]．环境与可持续发展，2015，40（4）：10-14.

[7] 刘建伟．国家生态环境治理现代化的概念、必要性及对策研究[J]．中共福建省委党校学报，2014（9）：60-65.

[8] 徐岩．江苏推进生态治理能力现代化的现实路径[J]．中国石油大学胜利学院学报，2020，34（2）：85-90.

[9] 许耀桐．应提“国家治理现代化”[N]．北京日报，2014-6-30.

[10] 李臻．国家治理现代化背景下生态治理现代化的路径探析[J]．中国石油大学胜利学院学报，2020，34（2）：85-90.

[11] 王志芳．中国环境治理体系和能力现代化的实现路径 以国际经验为中心[M]．北京：时事出版社，2017.

[12] 李彦文．荷兰的生态现代化实践及其对中国绿色发展的重要启示[J]．山东社会科学，2019（8）：141-145.

[13] 刘薇．习近平生态文明思想与西方生态现代化理论的比较研究[D]．北京：北京林业大学，2019.

[14] Mol A P J，Sonnenfeld D A. Ecological modernizaton around the world：Perspective and critical debates[M].London：Frank Cass，2000.

[15] Hajer M A. The politics of environment discourse：Ecological modernization and the police process[M]. Oxford：Oxford University Press，1995.

[16] 马国栋．生态现代化理论及其实践意涵[J]．武汉理工大学学报：社会科学版，2015（6）：1053-1058.

[17] Mol A P J，Sonnenfeld D A. Ecological modernizaton around the world：An introduction[J].

Environmment Politics，2000，9（1）：5.

[18] Young S. The emergence of ecological modernization：integrating the environment and the economy[M]. London：Routledge，2000.

[19] Fisher D R，Freudenberg W R. Ecological modernization and its critics：Assessing the past and looking toward the future[J]. Society Nat．Resources，2001（14）：701-709.

[20] 樊杰，崔亚男．浅析生态资本主义的时髦理论——生态现代化理论[J]．才智，2014（18）：291.

[21] 郭鲁．生态现代化的理论分析[J]．当代经济，2014（16）：78-79.

[22] 李莉．生态现代化研究[D]．北京：北京交通大学，2017.

[23] 潘好香．西方“生态现代化”探析[D]．济南：山东大学，2008.

[24] 张利民，刘希刚．中国生态治理现代化的世界性场域、全局性意义与整体性行动[J]．科学社会主义，2020（3）：103-109.

[25] 贾秀飞．新时代生态治理现代化体系的逻辑构建与实践向度[J]．广西社会科学，2020（10）：51-58.

[26] 杜飞进．论国家生态治理现代化[J]．哈尔滨工业大学学报（社会科学版），2016（3）：1-14.

[27] 马莉．马克思主义生态文化观视域下国家生态治理现代化的逻辑起点与实践路向[J]．甘肃行政学院学报，2020（1）：83-92，113，127.

[28] 顾华详．新时代构建现代环境法治体系路径探析[J]．中国井冈山干部学院学报，2020，13（3）：5-17.

[29] 范叶超，刘梦薇．中国城市空气污染的演变与治理：以环境社会学为视角[J]．中央民族大学学报（哲学社会科学版），2020（5）：95-102.

[30] 高军波，乔伟峰，刘彦随，等．超越困境：转型期中国城市邻避设施供给模式重构——基于番禺垃圾焚烧发电厂选址反思[J]．中国软科学，2016（1）：98-108.

[31] 陆昱．生态治理现代化：理念、能力与体系的重构[J]．中共成都市委党校学报，2018（1）：33-36.

[32] 吴舜泽，郭红燕．环境治理体系的现代性特征内涵分析[J]．中国生态环境，2020（2）：11-14.

[33] 张梓太，程飞鸿．论环境法法典化的深层功能和实现路径[J]．中国人口·资源与环境，2021，31（6）：10-18.

[34] 王妍，唐滢．从环境冲突迈向环境治理——近10年来中国环境社会科学的研究转向分析[J]．南京工业大学学报（社会科学版），2020，19（6）：50-61.

[35] 张惠远，张强，刘煜杰，等．我国生态文明治理能力建设制约因素与制度改革任务分析[J]．中国工程学科，2015，17（8）：137-143.

[36] 张璐．中国环境法的定位转换与行政监管转型[J]．中国地质大学学报，2021，21（2）：27-40.

[37] 马原．督政与简政的“平行渐进”：环境监管的中国逻辑[J]．中国行政管理，2021（5）：112-121.

[38] 冼解琪．我国生态环境监管制度优化研究[J]．现代商贸工业，2021（10）：103-104.

[39] 张璐，吕瑞斌，王恒，等．关于构建生态环境监管执法新格局的思考[J]．决策咨询，2021（1）：88-91.

[40] 徐顺青，程亮，陈鹏，等．我国生态环境财税政策历史变迁及优化建议[J]．中国环境管理，2020（3）：32-39.

[41] 李紫昂．生态环境治理中的绿色金融工具问题探究[J]．北方金融，2021（5）：23-25.

[42] 妙旭华，董战峰，郝春旭，等．我国生态环境财税政策历史变迁及优化建议[J]．中国环境管理，2020（3）：32-39.

[43] 杨志军．美国环境法史论[D]．北京：中国政法大学，2005.
[44] 王曦．论美国《国家环境政策法》对完善我国环境法制的启示[J]．现代法学，2009，32（4）：177-186.
[45] 李擎萍．美国《国家环境政策法》的实施效果与历史局限性[J]．中国地质大学学报：社会科学版，2009，9（3）：50-56.
[46] 王玏．德国环境法研究[D]．上海：华东师范大学，2016.
[47] 施理．德国环境法法典化立法实践及启示[J]．德国研究，2020（4）：78-94.
[48] 熊超，杨惟薇．日本环境法的发展及对我国的启示[J]．科学与管理，2010（6）：42-44.
[49] 张磊．日本环境法理念的转变对我国环境法发展的启示[J]．江苏海洋大学学报：人文社会科学版，2011（12）：34-36.
[50] 王曦．美国环境法概论[M]．武汉：武汉大学出版社，1992.
[51] 滕海键，王瑶．20 世纪 80 年代美国环境政策的改革尝试——“泡泡政策”的出台及其合法地位的确认[J]．西南大学学报（社会科学版），2020，46（3）：186-204.
[52] 马允．美国环境规制中的命令、激励与重构[J]．上海环境科学，2017（4）：137-143.
[53] 朱海嵩．中美排污许可证制度差异[J]．环境工程设计，2019（18）：151-153.
[54] 王淑梅，喻干，荣丽丽．美国排污许可证管理的经验[J]．油气田环境保护，2017，27（1）：1-5，13.
[55] 马冰，董飞，彭文启，等．中美排污许可证制度比较及对策研究[J]．中国农村水利水电，2019（12）：69-74.
[56] 关阳．追踪美国“酸雨计划”[J]．环境保护，2011（9）：65-67.
[57] 王国成，唐增，高静．美国农业生态补偿典型案例剖析[J]．草业科学，2014（6）：1185-1194.
[58] 赵彦泰．美国的生态补偿制度[D]．青岛：中国海洋大学，2010.
[59] 王升堂，孙贤斌．美国耕地生态补偿实践与启示[J]．皖西学院学报，2018，34（5）：142-147.
[60] 杨志宇．欧盟环境税研究[D]．长春：吉林大学，2016.
[61] 彭佳丽．欧盟环境税规范制度及其对我国的镜鉴[J]．时代金融，2020（33）：135-137.
[62] 孟祥娜．英国生态税改革与借鉴问题研究[D]．青岛：山东科技大学，2012.
[63] 李岩，刘研华．日本循环经济发展及其经验借鉴[J]．日本研究，2012（2）：25-29.
[64] 胡澎．日本建设循环型社会的经验与启示[J]．人民论坛，2020（34）：94-96.
[65] 黄文秀，刘晓东．欧盟能效标签和生态标签简介[J]．中国标准导报，2011（12）：10-12.
[66] 张越，陈晨曦．欧盟生态标签对中国的政策启示[J]．国际贸易，2017（8）：45-48.
[67] 朱其太，刘天鸿，孟祥龙．关注欧盟生态标签新规则 力促我国食品出口[J]．中国检验检疫，2011（8）：49-50.
[68] 刘艳丽，任亮．日本政府提高环保社会参与程度的方法对推进廊坊市生态环境治理的策略研究[J]．科技视界，2014（17）：256-257.
[69] 潘晓丹．我国环境保护公众参与制度研究[J]．火力，2019（18）：120-120，125.
[70] 潘镜伊，王娜．环境保护中的公众参与问题研究[J]．中共郑州市委党校学报，2019（4）：46-49.
[71] 施丹丹．环境保护公众参与机制的探索[J]．环境与发展，2020（12）：201-202.
[72] 李琳，刘海东，赵旭瑞．日本“邻避”项目环境保护公众参与制度对中国的启示[J]．世界环境，2018（6）：40-43.

[73] 刘洋．我国环境法律体系的构架与完善[J]．法制与社会：旬刊，2015（7）：15-16.

[74] 王溶娱．浅谈我国环境犯罪立法理念的重构[J].商业文化：学术版，2010（8）：19-20.

[75] 郝春旭，董战峰，葛察忠，等．国家环境经济政策进展评估报告 2020[J]．中国环境管理，2021（2）：10-15.

[76] 郝亮，汪明月，贾磊，等．弥补外部性：从环境经济政策到绿色创新体系——兼论应对中国环境领域主要矛盾的转换[J]．环境与可持续发展，2019（3）：50-55.

[77] 马军．让环境数据和公众参与发挥力量[J]．可持续发展经济导刊，2021（6）：31-32.

[78] 金玉婷．日本环境教育和公众参与对我国的启示[J]．环境教育，2021（1）：28-31.

[79] 艾浏洋．现代环境治理体系中环境保护公众参与的立法完善[D]．兰州：西北民族大学，2021.

[80] 郑江淮，张睿．16 个行业调研：外企受疫情影响最大，民企其次[EB/OL].（2020-03-06）[2021-08-30]. https://www.docin.com/p-2130785037.html，2020-03-06.